高等职业教育系列教材

工业机器人技术与应用

主　编　屈金星

副主编　冯　丰

参　编　吴春玉　常淑英　程亚平

主　审　崔宝才

机械工业出版社

本书共分 8 章，以工业机器人关键技术的应用为主线编写，重点介绍工业机器人在典型行业的应用实例，为读者从事工业机器人相关工作打下坚实基础，具体内容如下：

第 1 章介绍了机器人的定义、分类、组成、技术参数等基础知识；第 2 章主要介绍了工业机器人的基本结构、组成特点；第 3 章主要介绍了工业机器人的运动学、动力学等工业机器人的理论知识；第 4 章主要对工业机器人控制系统的基本分类、运动轨迹规划、示教与再现、编程语言等做了介绍；第 5 章主要介绍了工业机器人运动轴与坐标系、示教器、安全操作规程、手动移动工业机器人、工具坐标系与工件坐标系标定等手动操纵工业机器人的内容；第 6 章主要介绍了码垛机器人的分类及特点、系统组成、作业示教、典型作业任务、工作站布局等技术应用；第 7 章主要介绍了焊接机器人的分类及特点、系统组成、作业示教、典型作业任务、工作站布局等技术应用；第 8 章主要介绍了装配机器人的分类及特点、系统组成、作业示教、典型作业任务、工作站布局等技术应用。

本书主要作为高职高专学校工业机器人技术、机械制造与自动化、机电一体化技术、电气自动化技术等装备制造相关专业的教学用书，也可供工程技术人员参考。

本书配有授课电子课件、教学设计、习题解答、试卷、视频和动画等资料，需要的教师可登录机械工业出版社教育服务网 www.cmpedu.com 免费注册后下载，或联系编辑索取（微信：15910938545，电话：010-88379739）。

图书在版编目（CIP）数据

工业机器人技术与应用 / 屈金星主编．—北京：机械工业出版社，2018.2
（2023.9 重印）
高等职业教育系列教材
ISBN 978-7-111-59001-9

Ⅰ．①工…　Ⅱ．①屈…　Ⅲ．①工业机器人－高等职业
教育－教材　Ⅳ．①TP242.2

中国版本图书馆 CIP 数据核字（2018）第 014449 号

机械工业出版社（北京市百万庄大街 22 号　邮政编码 100037）
策划编辑：曹帅鹏　责任编辑：曹帅鹏
责任校对：张艳霞　责任印制：常天培
北京中科印刷有限公司印刷
2023 年 9 月第 1 版·第 10 次印刷
184mm×260mm·13.75 印张·324 千字
标准书号：ISBN 978-7-111-59001-9
定价：39.90 元

高等职业教育系列教材机电类专业
编委会成员名单

出 版 说 明

《国务院关于加快发展现代职业教育的决定》指出：到 2020 年，形成适应发展需求、产教深度融合、中职高职衔接、职业教育与普通教育相互沟通，体现终身教育理念，具有中国特色、世界水平的现代职业教育体系，推进人才培养模式创新，坚持校企合作、工学结合，强化教学、学习、实训相融合的教育教学活动，推行项目教学、案例教学、工作过程导向教学等教学模式，引导社会力量参与教学过程，共同开发课程和教材等教育资源。机械工业出版社组织国内 80 余所职业院校（其中大部分是示范性院校和骨干院校）的骨干教师共同规划、编写并出版的"高等职业教育系列教材"，已历经十余年的积淀和发展，今后将更加紧密结合国家职业教育文件精神，致力于建设符合现代职业教育教学需求的教材体系，打造充分适应现代职业教育教学模式的、体现工学结合特点的新型精品化教材。

在本系列教材策划和编写的过程中，主编院校通过编委会平台充分调研相关院校的专业课程体系，认真讨论课程教学大纲，积极听取相关专家意见，并融合教学中的实践经验，吸收职业教育改革成果，寻求企业合作，针对不同的课程性质采取差异化的编写策略。其中，核心基础课程的教材在保持扎实的理论基础的同时，增加实训和习题以及相关的多媒体配套资源；实践性课程的教材则强调理论与实训紧密结合，采用理实一体的编写模式；实用技术型课程的教材则在其中引入了最新的知识、技术、工艺和方法，同时重视企业参与，吸纳来自企业的真实案例。此外，根据实际教学的需要对部分内容进行了整合和优化。

归纳起来，本系列教材具有以下特点：

1）围绕培养学生的职业技能这条主线来设计教材的结构、内容和形式。

2）合理安排基础知识和实践知识的比例。基础知识以"必需、够用"为度，强调专业技术应用能力的训练，适当增加实训环节。

3）符合高职学生的学习特点和认知规律。对基本理论和方法的论述容易理解、清晰简洁，多用图表来表达信息；增加相关技术在生产中的应用实例，引导学生主动学习。

4）教材内容紧随技术和经济的发展而更新，及时将新知识、新技术、新工艺和新案例等引入教材。同时注重吸收最新的教学理念，并积极支持新专业的教材建设。

5）注重立体化教材建设。通过主教材、电子教案、配套素材光盘、实训指导和习题及解答等教学资源的有机结合，提高教学服务水平，为高素质技能型人才的培养创造良好的条件。

由于我国高等职业教育改革和发展的速度很快，加之我们的水平和经验有限，因此在教材的编写和出版过程中难免出现疏漏。我们恳请使用这套教材的师生及时向我们反馈质量信息，以利于我们今后不断提高教材的出版质量，为广大师生提供更多、更适用的教材。

机械工业出版社

前　言

随着国家大力推广工业 4.0，工业机器人作为智能制造自动化领域的明珠，已迎来爆发式增长时代，工业机器人专业人才配备缺失的现象日益凸显。工业机器人是典型的机电一体化产品，工业机器人技术是一门多学科交叉的综合性技术，它涉及自动控制、计算机、传感器、人工智能、电子技术和机械工程等多学科的内容。同时，工业机器人又是一个复杂的系统工程，不是买来就能用的，需要对其进行编程，把机器人本体与控制软件、应用软件、外围设备等结合起来，组成一条完整的生产线，才能进行生产。但是，相关具体的操作，由于技术要求较高，并且属于新兴领域，人才缺口巨大。

本书兼顾理论与实践操作，侧重于工业机器人操作实践和应用，以工业机器人关键技术的应用为主线编写，重点介绍工业机器人在典型行业的应用实例，为读者从事工业机器人相关工作打下坚实的基础。主要内容包括工业机器人的定义、分类、组成、技术参数等机器人基础知识；工业机器人的机身、臂部、腕部、手部、驱动与传动等工业机器人的机械结构；工业机器人的运动学、动力学等工业机器人的理论知识；工业机器人控制系统的基础、分类、运动轨迹规划、示教与再现、编程语言等工业机器人的控制基础；工业机器人运动轴与坐标系、示教器、安全操作规程、手动移动工业机器人、工具坐标系与工件坐标系标定等手动操纵工业机器人；码垛机器人的分类及特点、系统组成、作业示教、典型作业任务、工作站布局等技术应用；焊接机器人的分类及特点、系统组成、作业示教、典型作业任务、工作站布局等技术应用；装配机器人的分类及特点、系统组成、作业示教、典型作业任务、工作站布局等技术应用。

本书主要作为高职高专学校工业机器人技术、机械制造与自动化、机电一体化技术、电气自动化技术等装备制造相关专业的教学用书，书中的一些章节具有一定的独立性，因此可根据课程标准要求分别选用，安排 32～96 学时的教学内容。其他相关专业可根据需要选用不同的章节。

本书由屈金星主编，崔宝才主审。本书在编写过程中得到了江苏汇博机器人技术股份有限公司的大力支持。同时，在编写过程中我们参考并引用了大量有关机器人方面的教材、专著、论文、网络文献等资料，在此，编者对各位原编著者表示衷心的感谢。

由于编者学识有限，书中难免有疏漏和不足之处，恳请读者批评指正。

编　者

目　录

第1章 机器人基础知识

教学目标

1．理解机器人的定义和分类。

2．掌握机器人的组成和技术参数。

3．了解机器人的应用和发展。

1.1 引言

机器人代工已成为了一种趋势。据预测，中国工业机器人几年内或将迎来井喷式发展，而非简单的线性增长。这种井喷式增长，与我国人口和经济现状密切相关。过去我们曾依靠低廉而充沛的人力资源，将中国发展为世界最大的制造业大国。但随着用工成本的增长，"人才红利"取代"人口红利"，成为"中国制造"向"中国智造"转变的关键。一线工人将从生产线上大量解放出来，学习操控机器人软件、应用和维修，变为机器人的应用工程师和软件工程师。

机器人，尤其工业机器人是一个复杂的系统工程，不是买来就能用的，需要对其进行编程，把机器人本体与控制软件、应用软件、外围设备等集成起来，它们通常集成为一个系统，该系统作为一个整体来完成生产作业任务。

1.2 机器人的定义与特点

如果将图 1-1 所示常规的机器人操作手与挖掘机臂进行比较，可发现两者非常相似。它们都具有许多连杆，这些连杆通过关节依次连接，并由驱动器驱动。在上述两个系统中，操作机的"手"都能在空中运动，并可以运动到工作空间的任何位置，它们都能承载一定的载荷，完成一定的作业任务。然而，它们一个称为操作机（即挖掘机），另一个称为工业机器人，两者最根本的不同在于挖掘机是由人来控制驱动，而机器人操作手是由计算机编程控制，正是通过这一点可以区别一台设备到底是简单的操作机还是机器人。通常机器人由计算机或者类似装置来控制，机器人的动作受控制器所控制，该控制器的运行由用户根据作业性质所编写的某种类型的程序来控制。因此，如果程序改变了，机器人的动作就会相应改变。我们希望一台设备能灵活地完成各种不同的作业而无需重新设计硬件装置。为此，机器人必须设计成可以重复编程，通过改变程序来执行不同的任务。简单的操作机除非一直由操作人员操作，否则是无法实现这一点的。

在美国标准中，只有易于再编程的装置才认为是机器人。因此，手动装置（比如一个多关节的需要操作人员来驱动的装置）或固定顺序装置（例如有些装置由强制起停控制驱动器控制，其顺序是固定的并且很难更改）都不认为是机器人。

图1-1 挖掘机臂与工业机器人

1.2.1 机器人的定义

在科技界，科学家会给每一个科技术语一个明确的定义，机器人问世已有几十年，但对机器人的定义仍然仁者见仁，智者见智，没有一个统一的定义。原因之一是机器人还在发展，新的机型，新的功能不断涌现。根本原因是机器人涉及了人的概念，成为一个难以回答的哲学问题。就像机器人一词最早诞生于科幻小说之中一样，人们对机器人充满了幻想。也许正是由于机器人定义的模糊，才给了人们充分的想象和创造空间。

目前各国关于机器人的定义都各不相同，通过比较这些定义，可以对机器人的主要功能特征有更深入的理解。

1. 美国机器人协会（RIA）的定义

机器人是"一种用于移动各种材料、零件、工具或专用装置的，通过可编程序动作来执行种种任务的，并具有编程能力的多功能机械手（manipulator）"。这一定义叙述得较为具体，但技术含义并不全面，可概括为工业机器人。

2. 日本工业机器人协会（JIRA）的定义

机器人是"一种装备有记忆装置和末端执行器（end effector）的，能够转动并通过自动完成各种移动来代替人类劳动的通用机器"。同时还可进一步分为两种情况来定义：1）工业机器人是"一种能够执行与人体上肢（手和臂）类似动作的多功能机器"；2）智能机器人是"一种具有感觉和识别能力，并能控制自身行为的机器"。

3. 美国国家标准局（NBS）的定义

机器人是"一种能够进行编程并在自动控制下执行某些操作和移动作业任务的机械装置"，这也是一种比较广义的机器人的定义。

4. 国际标准化组织（ISO）的定义

"机器人是一种自动的、位置可控的、具有编程能力的多功能机械手，这种机械手具有几个轴，能够借助于可编程序操作来处理各种材料、零件、工具和专用装置，以执行种种任务"。

5. 英国简明牛津字典的定义

机器人是"貌似人的自动机，具有智力的和顺从于人但不具人格的机器"，这是一种对理想机器人的描述，到目前为止，尚未有与人类相似的机器人出现。

6. 我国科学家对机器人的定义

随着机器人技术的发展，我国也面临讨论和制订关于机器人技术各项标准的问题，其中也包括对机器人的定义，我国科学家对机器人的定义是："机器人是一种自动化的机器，所不同的是这种机器具备一些与人或生物相似的智能能力，如感知能力、规划能力、动作能力和协同能力，是一种具有高度灵活性的自动化机器"。

有关机器人的各种定义可为理解机器人提供参考，这些定义的共同点为：

1）普遍认为机器人的外形像人或像人的上肢，并能模仿人的动作；

2）机器人具有一定的智力、感觉与识别性；

3）机器人是人造的机器或机械电子装置。

一台真正意义上的机器人，应该具备三种基本功能：感知、认知和行动。用一种最为通俗易懂的解释：起风了（感知）——是否加衣服（认知）——执行加衣服（行动）。这才是一个真正完整的链条。而长久以来，机器人技术的进展却基本都在"行动"，即完成动作上，但从常理上来判断，"感知"和"认知"才应该是智能最重要的环节。以此推断，几十年以来，机器人的面世以及逐渐普及的确对应了所谓"解放生产力"，但此生产力仅仅是人类身体上的解放，而心脑部分，则依然是最大的难题。

1.2.2 机器人的特点

1. 通用性

机器人的通用性是指机器人具有执行不同功能和完成多样简单任务的实际能力，通用性也意味着机器人是可变的几何结构，或者说在机械结构上允许机器人执行不同的任务或以不同的方式完成同一工作。通用性也包括机械手的机动性和控制系统的灵活性。

2. 适应性

机器人的适应性是指其对环境的自适应能力，即所设计的机器人在工作中可以不依赖于人的干预，能够运用传感器感测环境，分析任务空间和执行操作规划，自主执行事先未经完全指定的任务。

在研究和开发未知及不确定环境下作业的机器人的过程中，人们逐步认识到机器人技术的本质是感知、决策（认知）、行动和交互技术的结合。随着人们对机器人技术智能化本质认识的加深，机器人技术开始源源不断地向人类活动的各个领域渗透。结合这些领域的应用特点，人们发展了各式各样的具有感知、决策、行动和交互能力的特种机器人和各种智能机器，如移动机器人、微机器人、水下机器人、医疗机器人、军用机器人、空间机器人、娱乐机器人等。对不同任务和特殊环境的适应性，也是机器人与一般自动化装备的重要区别。这些机器人从外观上已远远脱离了最初仿人形机器人和工业机器人所具有的形状，更加符合各种不同应用领域的特殊要求，其功能和智能程度也大大增强，从而为机器人技术开辟出更加广阔的发展空间。

1.3 机器人的分类

1. 按照控制方式分类

按日本工业机器人协会（JIRA）的标准，可将机器人进行如下分类：

第1类：人工操作装置——由操作员操纵的多自由度装置。

第2类：固定顺序机器人——按预定的方法有步骤地一次执行任务的设备，其执行顺序难以修改。

第3类：可变顺序机器人——同第2类，但其顺序易于修改。

第4类：示教再现（playback）机器人——操作员引导机器人手动执行任务，机器人控制系统实时存储记录下这些动作轨迹及参数，并由机器人以后再执行，即机器人按照记录下的信息重复执行同样的动作轨迹。

第5类：数控机器人——操作员提供运动程序，而不是手把手示教执行任务。

第6类：智能机器人——机器人具有感知和理解外部环境的能力，即使其工作环境发生变化，其也能够成功完成工作。

美国机器人协会只将以上第3类～第6类视作机器人。

2．按照坐标形式分类

工业机器人的坐标形式有直角坐标型、圆柱坐标型、球坐标型和关节坐标型。

（1）直角坐标型机器人

这一类机器人其手部空间位置的改变通过沿三个互相垂直的轴线的移动来实现，即沿着 X 轴的纵向移动，沿着 Y 轴的横向移动及沿着 Z 轴的升降，如图1-2所示。直角坐标型机器人的位置精度高，控制无耦合、简单，避障性好，但结构较庞大，无法调节工具姿态，灵活性差，难与其他机器人协调，移动轴的结构较复杂，且占地面积较大。

（2）圆柱坐标型机器人

圆柱坐标型机器人通过两个移动和一个转动实现手部空间位置的改变，VERSATRAN 机器人是其典型代表。这类机器人手臂的运动由垂直立柱平面内的伸缩和沿立柱的升降两个直线运动及手臂绕立柱的转动复合而成，如图1-3所示。圆柱坐标型机器人的位置精度仅次于直角坐标型，控制简单，避障性好，但结构也较庞大，难与其他机器人协调工作，两个移动轴的设计较复杂。

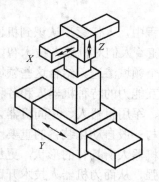

图1-2　直角坐标型机器人

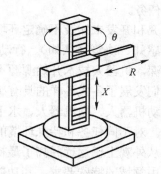

图1-3　圆柱坐标型机器人

（3）球坐标型机器人

这类机器人手臂的运动由一个直线运动和两个转动所组成，如图1-4所示，即沿手臂方向 X 的伸缩，绕 Y 轴的俯仰和绕 Z 轴的回转，UNIMATE 机器人是其典型代表。这类机器人占地面积较小，结构紧凑，位置精度尚可，能与其他机器人协调工作，重量较轻，但避障性差，有平衡问题，位置误差与臂长有关。

（4）关节坐标型机器人

根据关节轴线布局不同，又可将其分为水平关节坐标型机器人和垂直关节坐标型机器人。水平关节坐标型机器人结构上具有串联配置的两个能够在水平面内旋转的手臂，其关节轴线竖直。垂直关节坐标型机器人模拟人手臂功能，主要由立柱、前臂和后臂组成，如图 1-5 所示，PUMA 机器人是其代表。垂直关节坐标型机器人的运动由前、后臂的俯仰及立柱的回转构成，其结构最紧凑，灵活性大，占地面积最小，工作空间最大，能与其他机器人协调工作，避障性好，是目前应用最多的一类机器人，但位置精度较低，有平衡问题，控制存在耦合，故比较复杂，表 1-1 为常见关节坐标型机器人机械简图汇总。

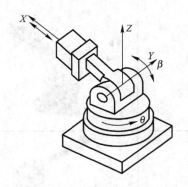 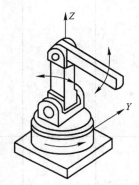

图 1-4　球坐标型机器人　　　　　　　图 1-5　关节坐标型机器人

表 1-1　常见关节坐标型机器人机械简图

品　牌	型　号	简　图	实物图
ABB	IRB2400		
ABB	IRB1410		

（续）

品　牌	型　号	简　图	实　物　图
KUKA	KR5 scara		
KUKA	KR5 sixx		
FANUC	R-2000iB		
MOTOMAN	HP20		
MOTOMAN	DIA10		

3．按照应用环境分类

根据机器人应用环境的不同，可将机器人分为工业机器人、服务机器人和特种机器人。

（1）工业机器人

在工业领域内应用的机器人称为工业机器人。通常将工业机器人定义为一种能模拟人的手、臂的部分动作，按照预定的程序、轨迹及其他要求，实现抓取、搬运工件或操作的自动化装置。与人相比，工业机器人可以有更快的运动速度，可以搬更重的东西，而且定位精度更高。工业机器人在实现智能化、多功能化、柔性自动化生产、提高产品质量、代替人在恶劣环境条件下工作中发挥重大作用。目前，工业机器人已广泛应用于汽车及汽车零部件制造业、机械加工行业、电子电气行业、橡胶及塑料工业、食品工业、木材与家具制造业等领域中。在工业生产中，搬运机器人、码垛机器人、喷漆机器人、焊接机器人和装配机器人等工业机器人都已被大量采用。

工业机器人的优点在于它可以通过更改程序，方便迅速地改变工作内容或方式，以满足生产要求的变化，例如改变运动轨迹、速度，变更装配部件或位置等，如图 1-6 所示。随着对工业生产线的柔性要求越来越高，对各种工业机器人的需求也越来越广泛。

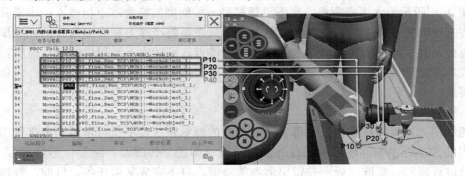

图 1-6　工业机器人作业程序

（2）服务机器人

随着计算机技术的快速发展，机器人的应用领域在不断拓宽，机器人应用已经从制造业逐渐转向服务行业，和工业机器人相比，服务机器人在结构和工作形式上都有很大不同，服务机器人一般具有可移动性，在移动平台上搭载一些手臂进行操作，同时还装有一些力觉传感器和视觉传感器、超声测距传感器等。它通过对周边的环境进行识别，来判断自身的运动，完成某种工作，这是服务机器人的一个基本特点。服务机器人包括娱乐机器人、手术机器人、护士助手机器人、导盲机器人、扫地机器人、高楼擦窗机器人等，也有根据环境而改变动作的机器人。

如图 1-7 为美国微创手术机器人，微创手术机器人一般包括三个子系统：主操作系统、从操作系统和图像系统。在进行手术时，医生或者使用者可以由监视器观察到位于患者病灶处摄像头拍摄到的手术情况，并通过操作主操作手来控制从操作手运动。从操作系统由几个机器人手臂构成，用于定位和实施手术。手术过程中，医生通过图像引导，操纵主操作手，向远端操作手发送指令，控制从操作手完成手术动作。微创手术机器人可以克服医生在操作时手部的抖动，避免出现误操作，病人手术过程痛苦小、术后疤痕小、并发症少、恢复时间快。国内也已经有多家大型医院引进该设备。

图 1-7　美国微创手术机器人

a) 主操作系统　b) 从操作系统　c) 图像系统

（3）特种机器人

特种机器人主要是指在人们难以进入的核电站、海底、宇宙空间等进行作业的机器人。包括军用机器人、消防救援机器人、保安机器人、空中无人飞行器、水下机器人、空间机器人、微小型机器人等。

如图 1-8 所示为水下滑翔机，水下滑翔机是一种新型的特种水下机器人。由于其利用净浮力和姿态角调整获得推进力，能源消耗极小，只在调整净浮力和姿态角时消耗少量能源，并且具有效率高、续航力大（可达上千公里）的特点。虽然水下滑翔机的航行速度较慢，但其制造成本和维护费用低、可重复使用、并可大量投放等特点，满足了长时间、大范围海洋探索的需要。

（4）智能机器人

智能机器人具有多种由内、外部传感器组成的感觉系统，不仅可以感知内部关节的运行速度、力的大小等参数，还可以通过外部传感器（如视觉传感器、触觉传感器等），对外部环境信息进行感知、提取、处理并做出适当的决策，自主完成某项任务。目前，智能机器人尚处于研究和发展阶段。

智能机器人的发展方向大致有两种，一种是类人型智能机器人，这是人类梦想的机器人；另一种外形并不像人，但具有机器智能。

如图 1-9 为 ABB 机器人公司开发的智能工业机器人，智能工业机器人（Smart Industrial robots，简称为 SInBot）配备了多种传感器，可以在几个复杂的任务中自由切换，其满足了企业灵活、柔性的生产要求，将是工业机器人未来的发展方向之一。

图 1-8　水下滑翔机

图 1-9　智能工业机器人

1.4　机器人的基本组成

以工业机器人为例，一个工业机器人系统，一般由三部分、六个子系统组成，如图 1-10 所示。这三部分是机械部分、传感部分、控制部分；六个子系统是驱动系统、机械系统、感知系统、人机交互系统、机器人-环境交互系统和控制系统。

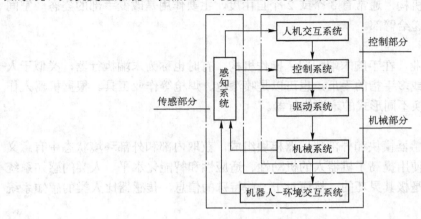

图 1-10　机器人的基本组成

1. 驱动系统

驱动系统主要指驱动机械系统的驱动装置。根据驱动源的不同，驱动系统可分为电动、液压、气动三种以及把它们结合起来应用的综合系统。驱动系统可以与机械系统直接相连，也可通过同步带、链条、齿轮、谐波传动装置等与机械系统间接相连。

2. 机械系统

机械系统又称操作机或执行机构系统，是机器人的主要载体，它由一系列连杆通过关节（运动副）以串联、并联或者混联的形式连接在一起。工业机器人的机械系统由机身（机座）、臂部、腕部、手部（末端执行器）四部分组成，如图 1-11 所示。

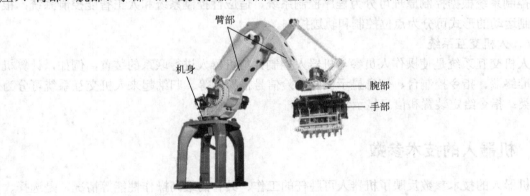

图 1-11　机器人机械系统

（1）机身

机身是机器人的基础部分，起支承作用。对固定式机器人，机身直接连接在地面上，对移动式机器人，则安装在移动机构上。

（2）臂部

连接机身和腕部的机构，通常有 3 个自由度，主要作用是改变腕部的空间位置，满足机器人的作业空间，并将各种载荷传递给机身。

（3）腕部

连接手部和臂部的机构，通常有 3 个或 2 个自由度，主要作用是改变手部的姿态（空间方向）和将作业载荷传递给臂部。

（4）手部

机器人为了进行作业，在手腕末端配置了操作机构，有时也称为末端执行器，类似于人的手。它可以是两手指或多手指的手爪，也可以是喷漆枪、焊枪等作业工具。根据机器人作业形式的不同，需要更换不同形式的末端执行器。

3．感知系统

感知系统由内部传感器模块和外部传感器模块组成，获取内部和外部环境状态中有意义的信息。智能传感器的使用提高了机器人的机动性、适应性和智能化水平。人类的感知系统对感知外部世界的信息是极其灵巧的，然而对于一些特殊的信息，传感器比人类的感知系统更有效。

4．机器人–环境交互系统

机器人–环境交互系统是实现机器人与外部环境中的设备相互联系和协调的系统。机器人可与外部设备集成为一个功能单元，如加工制造单元、焊接单元、装配单元等。当然，也可以是多台机器人、多台机床或设备及多个零件存储装置等集成为一个执行复杂任务的功能单元。

5．控制系统

控制系统的任务是根据机器人的作业指令程序以及从传感器反馈回来的信号支配机器人的执行机构完成规定的运动和功能。假如工业机器人不具备信息反馈特征，则为开环控制系统；若具备信息反馈特征，则为闭环控制系统。

控制系统根据控制原理可分为程序控制系统、适应性控制系统和人工智能控制系统；根据控制运动的形式可分为点位控制和轨迹控制。

6．人机交互系统

人机交互系统是使操作人员参与机器人控制并与机器人进行联系的装置，例如，计算机的标准终端、指令控制台、信息显示板及危险信号报警器等。归纳起来人机交互系统可分为两大类：指令给定装置和信息显示装置。

1.5　机器人的技术参数

机器人的技术参数反映了机器人可胜任的工作、具有的最高操作性能等情况，是选择、设计、应用机器人所必须考虑的问题。机器人的主要技术参数一般有自由度、工作空间、承载能力、精度、重复定位精度、最大工作速度等。

1．自由度

自由度是指描述物体运动所需要的独立坐标数。机器人自由度指机器人所具有的独立坐标轴运动的数目，不包括手爪（末端执行器）的自由度。自由度用来衡量工业机器人的运动灵活性，工业机器人的自由度越高其运动灵活性越好，能够完成的作业复杂程度越高。工业机器人的自由度是根据其用途而设计的，可能小于也可能大于 6 个自由度，具有 6 自由度的工业机器人为通用型工业机器人。PUMA562 机器人具有 6 个自由度，可以进行复杂空间曲线的弧焊作业。

从运动学的观点看，完成某一特定作业时具有多余自由度的机器人称为冗余自由度机器人，亦称冗余度机器人。PUMA700 机器人执行印制电路板上接插电子元器件的作业时就成为冗余度机器人。利用冗余的自由度可以增加机器人的灵活性，躲避障碍物和改善动力性能。

2．工作空间

工作空间是指机器人手臂末端或手腕中心所能到达的所有点的集合，也叫工作区域。工作空间代表了机器人的活动范围，从几何方面讨论了机器人的工作性能，它是衡量机器人工作能力的一个重要的运动学指标，在机器人的设计、控制与应用过程中，都需要考虑。机器人的工作空间是通过正运动学计算求得的。

由于末端执行器的形状和尺寸是多种多样的，为真实反映机器人的特征参数，故工作空间是指不安装末端执行器时的工作区域，如图 1-12 所示是常见工业机器人构型的典型工作空间，如图 1-13 所示是 ABB 公司 IRB_2400 垂直关节坐标型工业机器人的三维工作空间图。

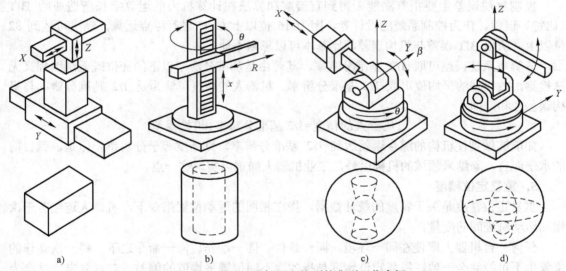

图 1-12 常见工业机器人构型的典型工作空间

a) 直角坐标型机器人　b) 圆柱坐标型机器人　c) 球坐标型机器人　d) 关节坐标型机器人

3．承载能力

承载能力是指机器人在工作空间内的任何位姿上所能承受的最大质量。

承载能力不仅决定于负载的质量，且与机器人运行的速度和加速度的大小和方向有关。为安全起见，承载能力这一技术指标是指高速运行时的承载能力。通常，承载能力不仅包括负载质量，还包括机器人末端执行器的质量。

4．精度

精度是一个位置量相对于参考系的绝对度量，指机器人手部或参考点实际到达位置与理论位置之间的差距。机器人的精度主要依存于机械误差、控制算法误差与分辨率系统误差。

图 1-13　ABB_IRB2400_16 工业机器人三维工作空间

机械误差主要产生于传动误差、关节间隙与连杆机构的挠性。传动误差是由轮齿误差、螺距误差等所引起的；关节间隙是由关节处的轴承间隙、谐波齿隙、齿轮啮合侧隙等引起的；连杆机构的挠性随机器人位形、负载的变化而变化。

控制算法误差主要指算法能否得到直接解和算法在计算机内的运算字长所造成的 BIT（比特）误差。作为控制系统的设计者，因为 16 位以上 CPU 进行浮点运算，精度可达到 82 位以上，所以 BIT 误差与机构误差相比基本可以忽略不计。

分辨率系统误差可取 1/2 基准分辨率。其理由是基准分辨率以下的变位既无法编程又无法检测，故误差的平均值可取 1/2 基准分辨率。机器人的精度可认为是 1/2 基准分辨率与机构误差之和，即：

机器人的精度=1/2 基准分辨率+机构误差

如能够做到使机构的综合误差达到 1/2 基准分辨率，则精度等于分辨率。但是，就目前的水平而言，除纳米领域的机构以外，工业机器人尚难以实现这一点。

5．重复定位精度

重复定位精度是关于精度的统计数据，指在相同的运动位置指令下，机器人连续若干次相同运动轨迹间的度量。

任何一台机器人即使在同一环境、同一条件、同一动作、同一命令之下，每一次动作的位置也不可能完全一致。重复定位精度是指各次不同位置平均值的偏差。若重复定位精度为 ± 0.2mm，则指所有的动作位置停止点均在以 A 为中心的左右 0.2mm 以内。在测试机器人的重复定位精度时，不同速度、不同方位下，反复试验的次数越多，重复定位精度的评价就越准确。

因重复定位精度不受工作载荷变化的影响，故通常用重复定位精度这一指标作为衡量示教-再现方式工业机器人性能的重要指标。机器人标定重复定位精度时一般同时给出测试次数、测试过程所加的负载和手臂的姿态。精度和重复定位精度测试的典型情况如图 1-14 所示。

6．最大工作速度

厂家不同对最大工作速度规定的内容亦有不同，有的厂家定义为机器人主要自由度上最大的稳定速度；有的厂家定义为手臂末端最大的合成速度，通常在技术参数中加以说明。

显而易见，工作速度越高，工作效率越高。然而工作速度越高就要花费更多的时间去升速或降速，或者对机器人最大加速度变化率的要求更高。

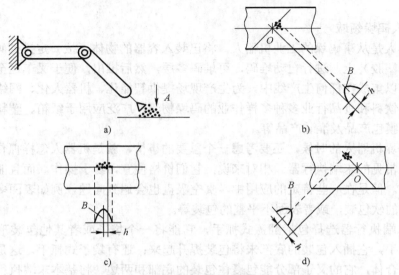

图 1-14　精度和重复定位精度的典型情况

a) 重复定位精度的测定　b) 合理的精度，良好的重复定位精度
c) 良好的精度，很差的重复定位精度　d) 很差的精度，良好的重复定位精度

7. 其他参数

对于一个完整的机器人的技术参数和描述还包括控制方式、驱动方式、安装方式、本体质量、环境参数及安全注意事项等。

1.6　机器人的应用

随着机器人发展的深度和广度以及机器人智能水平的提高，机器人已在众多领域得到了应用。从传统的汽车制造领域向非制造领域延伸。如采矿机器人、建筑业机器人以及水电系统用于维护维修的机器人等。在国防军事、医疗卫生、食品加工、生活服务等领域工业机器人的应用也越来越多。

1. 机器人搬运领域

搬运机器人是可以进行自动化搬运作业的工业机器人。最早的搬运机器人出现在 1960 年的美国，Versatran 和 Unimate 两种机器人首次用于搬运作业。搬运作业是指用一种设备握持工件，从一个加工位置移到另一个加工位置。搬运机器人可安装不同的末端执行器以完成各种不同形状和状态的工件搬运工作，大大减轻了人类繁重的体力劳动。目前世界上使用的搬运机器人逾 10 万台，被广泛应用于机床上下料、冲压机自动化生产线、自动装配流水线、码垛搬运、集装箱的自动搬运等。部分发达国家已制定出人工搬运的最大限度，超过限度的必须由搬运机器人来完成。

搬运机器人是近代自动控制领域出现的一项高新技术，涉及了力学、机械学、电器液压气压技术、自动控制技术、传感器技术、单片机技术和计算机技术等学科领域，已成为现代机械制造生产体系中的一项重要组成部分。它的优点是可以通过编程完成各种预期的任务，在自身结构和性能上有了人和机器的各自优势，尤其体现出了人工智能和适应性。

2．机器人码垛领域

码垛机器人是从事码垛的工业机器人，将已装入容器的物体，按一定排列码放在托盘、栈板（木质、塑胶）上，进行自动堆码，可堆码多层，然后推出，便于叉车运至仓库储存。码垛机器人可以集成在任何生产线中，为生产现场提供智能化、机器人化、网络化作业，可以实现啤酒、饮料和食品行业多种多样作业的码垛物流，广泛应用于纸箱、塑料箱、瓶类、袋类、桶装、膜包产品及灌装产品等。

在使用码垛机器人的时候，还要考虑一个重要的事情，就是机器人怎样抓住一个产品。真空吸盘是最常见的末端执行器。相对来说，它们价格便宜，易于操作，而且能够有效装载大部分负载物。但是在一些特定的应用中，真空吸盘也会遇到问题，例如表面多孔的基质，内容物为液体的软包装，或者表面不平整的包装等。

其他的末端执行器选择包括翻盖式抓手，它能将一个袋子或者其他包装形式的两边夹住；叉子式抓手，它插入包装的底部来将包装提升起来；还有袋子式抓手，这是翻盖式和叉子式抓手的混合体，它的叉子部分能包裹住包装的底部和两边。将基本末端执行器类型进行其他的组合也是可以的。

3．机器人喷涂领域

喷涂机器人又叫喷漆机器人（spraypaintingrobot），是可进行自动喷漆或喷涂其他涂料的工业机器人，1969 年由挪威 Trallfa 公司（后并入 ABB 集团）发明。喷涂机器人主要由机器人本体、供漆系统和相应的控制系统组成，液压驱动的喷涂机器人还包括液压油源，如液压泵、油箱和电动机等。

喷涂机器人多采用 5 或 6 自由度关节式结构，手臂有较大的工作空间，并可做复杂的轨迹运动，其腕部一般有 2~3 个自由度，可灵活运动。较先进的喷涂机器人腕部采用柔性手腕，既可向各个方向弯曲，又可转动，其动作类似人的手腕，能方便地通过较小的孔伸入工件内部，喷涂其内表面。喷涂机器人可采用液压驱动，具有动作速度快、防爆性能好等特点，可通过手把手示教或点位示数来实现示教。喷涂机器人广泛用于汽车、仪表、电器、搪瓷等领域。

4．机器人焊接领域

焊接机器人是从事焊接（包括切割与焊接）的工业机器人。根据国际标准化组织（ISO）工业机器人术语的定义，工业机器人是一种多用途的、可重复编程的自动控制操作机（Manipulator），具有三个或更多可编程的轴，用于工业自动化领域。为了适应不同的用途，机器人最后一个轴的机械接口，通常是一个连接法兰，可接装不同工具或末端执行器。焊接机器人就是在工业机器人的末轴法兰装接焊钳或焊（割）枪的，使之能进行焊接，切割或热喷涂。

焊接机器人目前已广泛应用在汽车制造业，包括汽车底盘、座椅骨架、导轨、消声器以及液力变矩器等焊接，尤其在汽车底盘焊接生产中得到了广泛的应用。

5．机器人装配领域

装配机器人（assemblyrobot）为完成装配作业而设计的工业机器人。装配机器人是柔性自动化装配系统的核心设备，由机器人操作机、控制器、末端执行器和传感系统组成。其中操作机的结构类型有水平关节型、直角坐标型、多关节型和圆柱坐标型等；控制器一般采用多 CPU 或多级计算机系统，实现运动控制和运动编程；末端执行器为适应不同的装配对象而设计成各种手爪；传感系统用来获取装配机器人与环境和装配对象之间相互作用的信息。

常用的装配机器人主要有可编程序通用装配操作手（Programmable Universal Manipulator for Assembly）即 PUMA 机器人（最早出现于 1978 年，工业机器人的始祖）和平面双关节型机器人（Selective Compliance Assembly Robot Arm）即 SCARA 机器人两种类型。

与一般工业机器人相比，装配机器人具有精度高、柔顺性好、工作空间小、能与其他系统配套使用等特点，主要用于各种电器的制造行业。

装配机器人的大量作业是轴与孔的装配，为了在轴与孔存在误差的情况下进行装配，应使机器人具有柔顺性。主动柔顺性是根据传感器反馈信息，而从动柔顺性则利用不带动力的机构来控制手爪的运动以补偿其位置误差。例如美国 Draper 实验室研制的远心柔顺装置 RCC（Remote Center Compliance device），一部分允许轴做侧向移动而不转动，另一部分允许轴绕远心（通常位于离手爪最远的轴端）转动而不移动，分别补偿侧向误差和角度误差，实现轴孔装配。

装配机器人主要用于各种电器制造（如电视机、录音机、洗衣机、电冰箱、吸尘器）、小型电动机、汽车及其部件、计算机、玩具、机电产品及其组件的装配等方面。

6．机器人激光加工领域

激光加工机器人是将机器人技术应用于激光加工中，通过高精度工业机器人实现更加柔性的激光加工作业。系统通过示教盒进行在线操作，也可通过离线方式进行编程。可用于工件的激光表面处理、打孔、焊接和模具修复等。

7．机器人真空作业领域

真空机器人是一种在真空环境下工作的机器人，主要应用于半导体工业中，实现晶圆在真空腔室内的传输。真空机器人难进口、受限制、用量大、通用性强，其成为制约半导体装备整机的研发进度和整机产品竞争力的关键部件。

8．机器人洁净作业领域

洁净机器人是一种在洁净环境中使用的工业机器人。随着生产技术水平不断提高，对生产环境的要求也日益苛刻，很多现代工业产品生产都要求在洁净环境进行，洁净机器人是洁净环境下生产需要的关键设备。

随着工业机器人向更深更广方向发展以及机器人智能化水平的提高，机器人的应用范围还在不断扩大，已从汽车制造业推广到其他制造业，进而推广到非制造业，如采矿机器人、建筑业机器人以及水电系统用于维护维修的机器人等。在国防军事、医疗卫生、生活服务等领域机器人的应用也越来越多，如无人侦察机（飞行器）、警备机器人、医疗机器人、家政服务机器人等均有应用实例。机器人正在为提高人类的生活质量发挥着重要的作用。

1.7 机器人的发展

1. 机器人的历史

从 1920 年捷克斯洛伐克作家卡雷尔·恰佩克在他的科幻小说《罗萨姆的机器人万能公司》中，根据 Robota（捷克文，原意为"劳役、苦工"）和 Robotnik（波兰文，原意为"工人"），创造出"机器人"这个词。机器人历史有了如下的发展。

1939 年美国纽约世博会上展出了西屋电气公司制造的家用机器人 Elektro。它由电缆控制，可以行走，会说 77 个字，甚至可以抽烟，不过离真正干家务活还差得远。但它让人们对家用机器人的憧憬变得更加具体。

1942 年美国科幻巨匠阿西莫夫提出"机器人三定律"。虽然这只是科幻小说里的创造，但后来成为学术界默认的研发原则。

1948 年诺伯特·维纳出版《控制论》，阐述了机器中的通信和控制机能与人的神经、感觉机能的共同规律，率先提出以计算机为核心的自动化工厂。

1954 年美国人乔治·德沃尔制造出世界上第一台可编程序的机器人，并注册了专利。这种机器人能按照不同的程序从事不同的工作，因此具有通用性和灵活性。

1956 年在达特茅斯会议上，马文·明斯基提出了他对智能机器的看法：智能机器"能够创建周围环境的抽象模型，如果遇到问题，能够从抽象模型中寻找解决方法"。这个定义影响到以后 30 年智能机器人的研究方向。

1959 年德沃尔与美国发明家约瑟夫·英格伯格联手制造出第一台工业机器人。随后，成立了世界上第一家机器人制造工厂——Unimation 公司。由于英格伯格对工业机器人的研发和宣传，他也被称为"工业机器人之父"。

1962 年美国 AMF 公司生产出 Verstran（意思是万能搬运），与 Unimation 公司生产的 Unimate 一样成为真正商业化的工业机器人，并出口到世界各国，掀起了全世界对机器人和机器人研究的热潮。

1962～1963 年传感器的应用提高了机器人的可操作性。人们试着在机器人上安装各种各样的传感器，包括 1961 年恩斯特采用的触觉传感器，托莫维奇和博尼 1962 年在世界上最早的"灵巧手"上用到了压力传感器，而麦卡锡 1963 年则开始在机器人中加入视觉传感系统，并在 1965 年，帮助 MIT 推出了世界上第一个带有视觉传感器，能识别并定位积木的机器人系统。

1965 年约翰·霍普金斯大学应用物理实验室研制出 Beast 机器人。Beast 已经能通过声呐系统、光电管等装置，根据环境校正自己的位置。20 世纪 60 年代中期开始，美国麻省理工学院、斯坦福大学、英国爱丁堡大学等陆续成立了机器人实验室。美国兴起研究第二代带传感器、"有感觉"的机器人，并向人工智能进发。

1968 年美国斯坦福研究所公布他们研发成功的机器人 Shakey。它带有视觉传感器，能根据人的指令发现并抓取积木，不过控制它的计算机有一个房间那么大。Shakey 可以算是世界第一台智能机器人，拉开了第三代机器人研发的序幕。

1969 年日本早稻田大学加藤一郎实验室研发出第一台以双脚走路的机器人。加藤一郎长期致力于研究仿人机器人，被誉为"仿人机器人之父"。日本专家一向以研发仿人机器人和娱乐机器人的技术见长，后来更进一步，催生出本田公司的 ASIMO 和索尼公司的 QRIO。

1973 年世界上第一次机器人和小型计算机携手合作，就诞生了美国 Cincinnati Milacron 公司的机器人 T3。

1978 年美国 Unimation 公司推出通用工业机器人 PUMA，这标志着工业机器人技术已经完全成熟。PUMA 至今仍然工作在工厂第一线。

1984 年英格伯格再推机器人 Helpmate，这种机器人能在医院里为病人送饭、送药、送邮件。同年，他还预言："我要让机器人擦地板，做饭，出去帮我洗车，检查安全"。

1998 年丹麦乐高公司推出机器人（Mind-storms）套件，让机器人制造变得跟搭积木一样，相对简单又能任意拼装，使机器人开始走入个人世界。

1999 年日本索尼公司推出犬型机器人爱宝（AIBO），当即销售一空，从此娱乐机器人成为目前机器人迈进普通家庭的途径之一。

2002 年丹麦 iRobot 公司推出了吸尘器机器人 Roomba，它能避开障碍，自动设计行进路线，还能在电量不足时，自动驶向充电座。Roomba 是目前世界上销量最大、最商业化的家用机器人。

2006 年 6 月，微软公司推出 Microsoft Robotics Studio，机器人模块化、平台统一化的趋势越来越明显，比尔·盖茨预言，家用机器人很快将席卷全球。

2008 年 12 月，Universal Robots 推出首款人机协作机器人 UR5，UR5 紧凑型台式机器人的问世，赋予了台式自动化应用简单、安全、灵活的特点。

2013 年 7 月，波士顿动力公司推出第一代 Atlas 双足人形机器人，到 2017 年 11 月，第二代 Atlas 双足人形机器人已经可以完成户外行走、搬盒子、自主稳定和自主站立等任务，凭借其出色的平衡能力，Atlas 甚至能够做出漂亮的后空翻动作。

2. 工业机器人四大家族

工业机器人的研究最早开始于 20 世纪 60 年代，1959 年 Unimation 公司的第一台工业机器人在美国诞生，开创了工业机器人发展的新纪元。作为先进制造业中不可替代的重要装备和手段，工业机器人已经成为衡量一个国家制造业水平和科技水平的重要标志。在国外，工业机器人技术日趋成熟，已经成为一种标准设备而得到工业界广泛应用，从而也形成了一批在国际上较有影响力的、著名的工业机器人公司。

（1）瑞士 ABB 公司

ABB 是一家由两个历时 100 多年的国际性企业（瑞典的 ASEA 和瑞士的 BBC Brown Boveri）合并而成，总部坐落于瑞士苏黎世。ABB 的业务涵盖电力产品、离散自动化、运动控制、过程自动化、低压产品五大领域，以电力和自动化技术最为著名。ABB 拥有当今最多种类的机器人产品、技术和服务，是全球装机量最大的工业机器人供货商。

对于机器人自身来说，最大的难点在于运动控制系统，而 ABB 的核心技术就是运动控制。掌握了运动控制技术的 ABB 可以轻易实现提高循径精度、运动速度等机器人的性能，大幅度提高生产的质量、效率以及可靠性。

（2）德国 KUKA（库卡）公司

库卡公司是由焊接设备起家的全球领先的机器人及自动化生产设备和解决方案供应商之一。库卡的客户主要分布于汽车工业领域，在其他领域（一般工业）中也处于增长势头。库卡机器人公司是全球汽车工业中工业机器人领域的龙头之一，在欧洲则独占鳌头。

（3）日本 FANUC（发那科）公司

FANUC 公司是全球专业的数控系统生产厂，被称为当今世界数控系统科研、设计、制造、销售实力最强的企业之一。自发那科首台机器人问世以来，发那科致力于机器人技术上的领先与创新，是世界上唯一一家由机器人来做机器人的公司。发那科机器人广泛应用在装配、搬运、焊接、铸造、喷涂、码垛等不同生产环节，满足客户的不同需求。FANUC 工业机器人与其他企业的工业机器人相比独特之处在于：工艺控制更加便捷、同类型机器人底座尺寸更小、拥有独有的手臂设计。

（4）日本安川电机（YASKAWA）公司

传承了近百年的电气电机技术，安川的 AC 伺服和变频器市场份额稳居世界第一。安川电机具有开发机器人的独特优势，作为安川电机主要产品的伺服和运动控制器是机器人的关键部件。安川电机核心的工业机器人产品包括：点焊和弧焊机器人、油漆和处理机器人、LCD 玻璃板传输机器人和半导体晶片传输机器人等。安川在重负载的的机器人应用领域市场相对较大。

3．机器人未来的发展趋势

机器人在许多生产领域的使用实践证明，它在提高生产自动化水平，提高劳动生产率和产品质量以及经济效益，改善工人劳动条件等方面，有着令世人瞩目的作用，引起了世界各国和社会各层人士的广泛兴趣。在新的世纪，机器人工业必将得到更加快速的发展和更加广泛的应用。从近几年世界机器人推出的产品来看，未来工业机器人具有如下发展趋势。

（1）高级智能化

未来机器人与今天的机器人相比最突出的特点在于其具有更高的智能。随着计算机技术、模糊控制技术、专家系统技术、人工神经网络技术和智能工程技术等高新技术的不断发展，必将大大提高工业机器人学习知识和运用知识解决问题的能力，并具有视觉、力觉等功能，能感知环境的变化，做出相应反应，有很高的自适应能力，几乎能像人一样去干更多的工作。

（2）结构一体化

工业机器的本体采用杆臂结构或细长臂轴向式腕关节，并与关节机构、电动机、减速器、编码器等有机结合，全部电、管、线不外露，形成十分完整的防尘、防漏、防爆、防水全封闭的一体化结构。

（3）应用广泛化

在 21 世纪，机器人不再局限于工业生产，而是向服务领域扩展。社会的各个领域都可有机器人在工作，从而使人类进入机器人时代。据专家预测，用于家庭的"个人机器人"必将在 21 世纪得到推广和普及，人类生活将变得更加美好舒适；模仿生物且从事生物特点工作的仿生机器人将倍受社会青睐，警备和军事用机器人也将在保卫国家安全方面发挥重要作用。

（4）产品微型化

微机械电子技术和精密加工技术的发展为机器人微型化创造了条件，以功能材料、智能材料为基础的微驱动器、微移动机构以及高度自治的控制系统的开发使机器人微型化成为可能。微型机器人可以代替人进入人本身不能到达的领域进行工作，帮助人类进行微观领域的研究；帮助医生对病人进行微循环系统的手术，甚至可注入血管清理血液，清除病灶和癌变，尺寸极微小的纳米机器人将不再是梦想。

（5）组件、构件通用化、标准化和模块化

机器人是一种高科技产品，其制造、使用维护成本比较高，操作机和控制器采用通用元器件，让机器人组件、构件实现标准化、模块化是降低成本的重要途径之一。大力制订和推广"三化"，将使机器人产品更能适应国际市场价格竞争的环境。

（6）高精度、高可靠性

随着人类对产品和服务质量的要求越来越高，对从事制造业或服务业的机器人的要求也相应提高，开发高精度、高可靠性机器人是必然的发展结果。采用最新交流伺服电动机或DD 电动机直接驱动，以进一步改善机器人的动态特性，提高可靠性；采用 64 位数字伺服驱动单元和主机采用 32 位以上 CPU 控制，不仅可使机器人精度大为提高，也可以提高插补运算和坐标变换的速度。

1.8 习题

一、填空题

1．一台真正意义上的机器人，应该具备三种基本功能有_____、_____和_____。

2．按照坐标形式分类，工业机器人可分为_____、_____、_____和关节坐标型。

3．工业机器人四大家族企业分别为_____、_____、_____和_____。

二、判断题

1．数控机床可编程并且能加工多种机械零件，因此数控机床也是一种工业机器人。
（　　）

2．直角坐标机器人具有结构紧凑、灵活、占地空间小等优点，是目前大多数工业机器人采用的结构形式。
（　　）

3．工业机器人的自由度越高，其运动灵活性越好，承载能力越强。（　　）

4．为了提高机器人的工作效率，要求机器人的最大工作速度越大越好。（　　）

三、简答题

1．简述机器人的定义，说明机器人的主要特点。

2．简述下面几个术语的含义：自由度，重复定位精度，工作空间和承载能力。

3．简述机器人的组成。

4．简述机器人的发展历史。

5．查阅资料，谈谈国外和国内工业机器人应用技术现状。

第2章　工业机器人的机械结构

学习目标
1．熟悉工业机器人的常见技术指标。
2．掌握工业机器人的机械结构及各部分的功能。
3．正确分析工业机器人的传动机构及传动路线。

2.1　工业机器人机身结构

工业机器人为了进行作业，在手腕上配置了执行机构，有时也称为手爪或末端操作器。手腕联接手部和手臂的部分，主要作用是改变手部的空间方向和将作业载荷传递到手臂。臂部联接机身和手腕的部分，主要作用是改变手部的空间位置，满足机器人的作业空间，并将各种载荷传递到机座。机身是机器人的基础部分，起支承作用。对固定式机器人，直接联接在地面基础上，对移动式机器人，则安装在移动机构上。

工业机器人机身是直接联接、支承和传动手臂及行走机构的部件。它是由臂部运动（升降、平移、回转和俯仰）机构及有关的导向装置、支承件等组成。由于工业机器人的运动形式、使用条件、负载能力各不相同，所采用的驱动装置、传动机构、导向装置也不同，致使机身结构有很大差异。

机身结构一般是由机器人总体设计确定的，圆柱坐标型机器人把回转与升降这两个自由度归属于机身，该类机身称为回转与升降机身；球坐标型机器人把回转与俯仰这两个自由度归属于机身，该类机身称为回转与俯仰机身；关节坐标型机器人把回转自由度归属于机身，该类机身称为回转机身；直角坐标型机器人有时把升降（Z 轴）或水平移动（X 轴）自由度归属于机身。

1．回转与升降型机身结构

回转与升降型机身结构主要由实现臂部的回转和升降运动的机构组成。机身的回转运动通常采用回转轴液压（气）缸驱动、直线液压（气）缸驱动的传动链和蜗轮蜗杆机械传动完成；机身的升降运动可以采用直线缸驱动、丝杠-螺母机构驱动和直线缸驱动的连杆式升降台完成。

由于归附于机身上的自由度要带动机器人的臂部、腕部、手部以及手部加持的工件同步运动，因此需要很大的输出力矩，一般重载机器人机身自由度的驱动可采用液压或气压驱动。升降缸在下，回转缸在上，回转运动采用摆动缸驱动，因摆动缸安放在升降活塞杆的上方，故活塞杆的尺寸要加大。回转缸在下，升降缸在上，回转运动采用摆动缸驱动，相比之下，回转缸的驱动力矩在设计时要加大一些。

同步带传动或链条链轮传动是将同步带或链条的直线运动变为同步带轮或链轮的回转运动，它的回转角度可以大于 360°。图 2-1 为气动机器人采用单杆活塞气缸驱动同步带轮或链条链轮传动机构实现机身的回转运动。图 2-2 为双杆活塞气缸驱动同步带轮或链条链轮回转的方式。

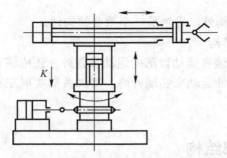

图 2-1　单杠活塞气缸驱动同步带轮或链条链轮传动机构

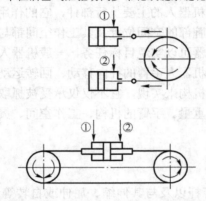

图 2-2　双杠活塞气缸驱动同步带轮或链条链轮传动机构

2．回转与俯仰型机身机构

回转与俯仰型机器人的机身主要由实现手臂左右回转和上下俯仰运动的部件组成，它用手臂的俯仰运动部件代替手臂的升降运动部件。机器人手臂的俯仰运动一般采用活塞液压（气）缸与连杆机构实现，手臂俯仰运动用的活塞缸位于手臂的下方，其活塞杆和手臂用铰链连接，缸体采用尾部耳环或中部销轴等方式与立柱连接，如图 2-3 所示。此外有时也采用无杆活塞缸驱动齿条齿轮或四连杆机构实现手臂的俯仰运动。

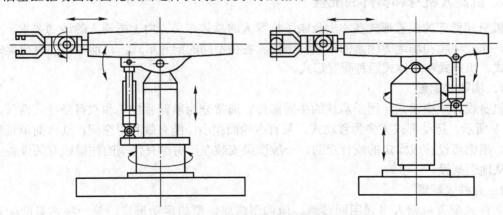

图 2-3　回转与俯仰型机身结构

3．直移型机身结构

直移型机器人多为悬挂式的，其机身实际上就是悬挂手臂的横梁。为使手臂能沿横梁平移，除了要有驱动和传动机构外，导轨是一个重要的构件。

4．类人机器人型机身结构

类人机器人的机身上除装有驱动臂部的运动装置外，还应装有驱动腿部运动的装置和腰部关节。靠腿部和腰部的屈伸运动来实现升降，腰部关节实现左右和前后的俯仰和人身轴线方向的回转运动。

2.2 工业机器人臂部结构

手臂部件（简称臂部）是机器人的主要执行部件，它的作用是支承腕部和手部，并带动它们在空间运动，工业机器人腕部的空间位置及其工作空间都与臂部的运动和臂部的参数有关。为了让机器人的末端执行器可以实现目标任务，一般机器人的手臂具有伸缩、回转和升降（俯仰）3 个自由度，完成机器人手臂的径向移动、回转运动和垂直移动。手臂的各种运动通常由驱动机构和各种传动机构来实现，它不仅仅承受被抓取工件的重量，而且要承受末端执行器、手腕和手臂的自身重量。手臂的机构、工作空间、灵活性以及臂力和定位精度都直接影响机器人的工作性能。

2.2.1 机器人臂部的组成

机器人的手臂主要包括臂杆以及与其伸缩、屈伸或自转等运动有关的构件，如传动机构、驱动装置、导向定位装置、支承联接和位置检测元件等。此外，还有与腕部或手臂的运动和联接支承等有关的构件、配管配线等。

根据臂部的运动和布局、驱动方式、传动和导向装置的不同可分为伸缩型臂部结构、转动伸缩型臂部结构、屈伸型臂部结构和其他专用的机械传动臂部结构。伸缩型臂部结构可由液（气）压缸驱动或直线电动机驱动。转动伸缩型臂部结构除了臂部做伸缩运动，还绕自身轴线运动，以便实现手部旋转运动，转动可由液（气）压缸驱动或机械传动。

2.2.2 机器人机身和臂部的配置

机身和臂部的配置形式基本上反映了机器人的总体布局。由于机器人的运动要求、工作对象、作业环境和场地等因素的不同，出现了各种不同的配置形式。目前常用的有横梁式、立柱式、机座式和屈伸式四种配置形式。

1．横梁式配置

机身设计成横梁式，用于悬挂的手臂部件。通常分为单臂悬挂式和双臂悬挂式两种，如图 2-4 所示，运动形式大多为移动式。具有占地面积小、能有效利用空间、动作简单直观等优点。横梁可设计成固定的或行走的，一般横梁安装在厂房原有建筑的柱梁或有关设备上，也可从地面架设。

2．立柱式配置

立柱式配置机器人多采用回转型、俯仰型或屈伸型的运动形式，是一种常见的配置形式。通常分为单臂式和双臂式两种，如图 2-5 所示。一般臂部都可在水平面内回转，具有占地面积小而工作空间大的特点。立柱可固定安装在空地上，也可以固定在床身上。立柱式结构简单，服务于某种主机，可承担上、下料或转运等工作。

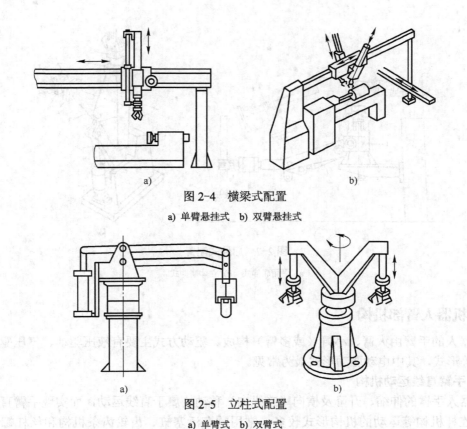

图 2-4　横梁式配置

a) 单臂悬挂式　b) 双臂悬挂式

图 2-5　立柱式配置

a) 单臂式　b) 双臂式

3. 机座式配置

机身设计成机座式，这种机器人可以是独立的、自成系统的完整装置，可以随意安放和搬动。也可以具有行走机构，如沿地面上的专用轨道移动，以扩大其活动范围。各种运动形式均可设计成机座式，如图 2-6 所示。

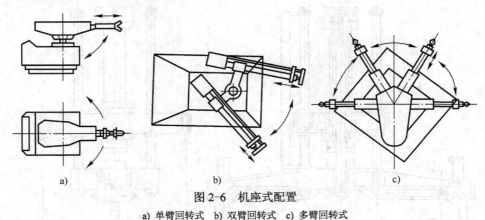

图 2-6　机座式配置

a) 单臂回转式　b) 双臂回转式　c) 多臂回转式

4. 屈伸式配置

屈伸式机器人的臂部由大小臂组成，大小臂间有相对运动，称为屈伸臂。屈伸臂与机身间的配置形式关系到机器人的运动轨迹，可以实现平面运动或空间运动，如图 2-7 所示。

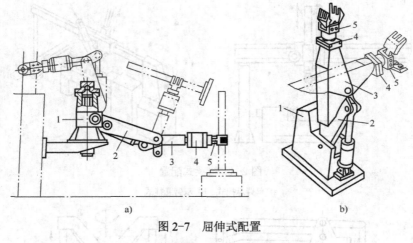

图 2-7 屈伸式配置

a) 平面屈伸式　b) 立体屈伸式

2.2.3 机器人臂部机构

机器人的手臂由大臂、小臂（或多臂）构成。驱动方式主要有液压驱动、气压驱动和电动驱动等形式，其中电动驱动形式最为常见。

1. 手臂直线运动机构

机器人手臂的伸缩、升降及横向（或纵向）移动均属于直线运动，而实现手臂直线往复活塞和连杆机构等运动的机构形式较多，常用的有活塞缸、齿轮齿条机构和丝杠螺母机构等。由于活塞缸的体积小、重量轻，因而在机器人手臂结构中应用较多。

图 2-8 所示为四导向柱式手臂伸缩机构。手臂的垂直伸缩运动由液压（气）缸 3 驱动，这种结构行程长、抓重大、受力简单、传动平稳、外形整齐美观、结构紧凑，可以实现不规则工件的抓取，广泛应用在箱体加工线上。

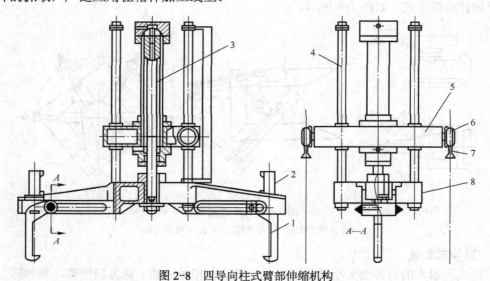

图 2-8 四导向柱式臂部伸缩机构

1—手部　2—夹紧缸　3—液压（气）缸　4—导向柱　5—运行架　6—行走车轮　7—导轨　8—支座

2．臂部俯仰机构

机器人手臂的俯仰运动一般采用活塞缸与连杆机构联用来实现。手臂俯仰运动用的活塞缸位于手臂的下方，其活塞杆和手臂用铰链联接，缸体采用尾部耳环或中部销轴等方式与立柱联接，如图 2-9 所示。此外，还可以采用无杆活塞缸驱动齿轮齿条或四连杆机构实现手臂的俯仰运动。

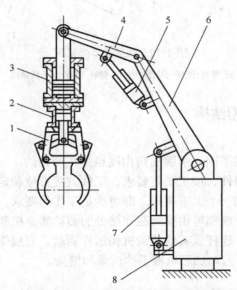

图 2-9　摆动气缸驱动连杆俯仰臂部机构

1—手部　2—夹紧缸　3—升降缸　4—小臂　5、7—摆动气缸　6—大臂　8—立柱

3．臂部回转与升降机构

臂部回转与升降机构常采用回转缸与升降缸单独驱动，适用于升降行程短而回转角度小于 360°的情况，也有采用升降缸与气动马达-锥齿轮传动的结构。

2.3　工业机器人腕部结构

腕部是联接手臂和手部的结构部件，它的主要作用是确定手部的作业方向。因此它具有独立的自由度，以满足机器人手部复杂的姿态调整。要确定手部的作业方向，一般需要三个自由度，这三个回转方向为：臂转，指腕部绕小臂轴线方向的旋转，也称作腕部旋转；腕摆，指手部绕垂直小臂轴线方向进行旋转，腕摆分为俯仰和偏转，其中同时具有俯仰和偏转运动的称作双腕摆；手转，指手部绕自身的轴线方向旋转。

腕部的结构多为上述三个回转方向的组合，组合的方式可以有多种形式，常用的腕部组合方式有臂转-腕摆-手转结构，臂转-双腕摆-手转结构等，如图 2-10 所示。

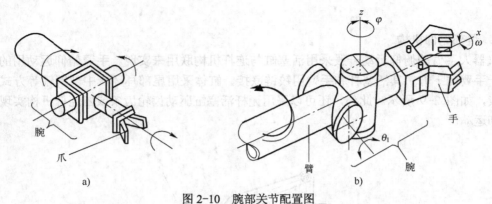

图 2-10　腕部关节配置图

a) 臂转-腕摆-手转结构　b) 臂转-双腕摆-手转结构

2.3.1　机器人手腕的典型结构

1．手腕的分类

根据机器人作业任务的不同，手腕的自由度也是在变化的，一般在 1～3 之间。手腕自由度的选用与机器人的通用性、加工工艺要求、工件放置方位和定位精度等许多因素有关。一般手腕设有臂转或再增加一个上下腕摆，即可满足工作的要求。有的机器人，如直角坐标型机器人没有手腕的运动。腕部可由安装在连接处的驱动器直接驱动，也可以从底座内的动力源经链条、同步齿形带、连杆或其他传动机构远程驱动。直接驱动一般采用液压或气动，具有较高的驱动力与强度，但增加了机械手的质量和惯量。

（1）单自由度手腕

具有单一自由度功能的腕部，如图 2-11 所示。

图 2-11a 是一种滚转或翻转（Roll）关节（简称 R 关节），组成转动副关节的两个构件，自身几何回转中心和转动副回转轴线重合，多数情况下，手腕关节轴线与手臂的纵轴线共线，这种 R 关节旋转角度大，可达到 360°以上。图 2-11b、c 是一种腕摆或折曲（Bend）关节（简称 B 关节），组成转动副关节的两个构件，自身几何回转中心和转动副回转轴线垂直，多数情况下，关节轴线与手臂及手的轴线相互垂直，这种 B 关节因为受到结构上的限制，旋转角度小，大大限制了方向角。图 2-11d 所示为移动关节，也称为 T 关节。

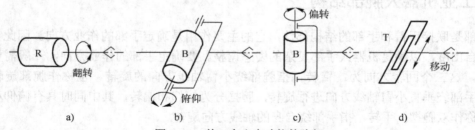

图 2-11　单一自由度功能的腕部

a) 臂转 R 手腕　b) 俯仰 B 手腕　c) 偏转 B 手腕　d) T 手腕

（2）二自由度手腕

二自由度手腕可以由一个 R 关节和一个 B 关节组成 BR 手腕，如图 2-12a 所示，也可以由两个 B 关节组成 BB 手腕，如图 2-12b 所示。但是，不能由两个 R 关节组成 RR 手腕，因为两个 R 共轴线，所以退化了一个自由度，实际只构成了单自由度手腕，如图 2-12c 所示。

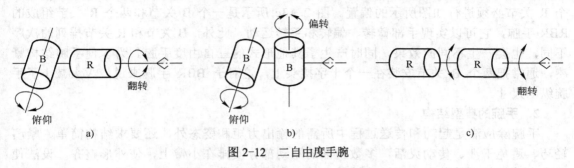

图 2-12　二自由度手腕

a) BR 手腕　b) BB 手腕　c) RR 手腕

（3）三自由度手腕

三自由度手腕可以由 B 关节和 R 关节组合形成多种形式。图 2-13a 所示是通常见到的

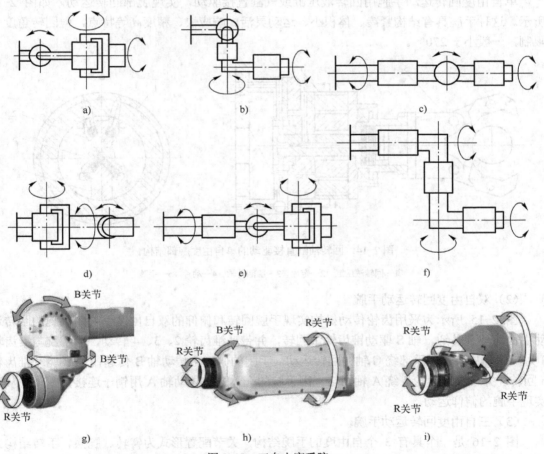

图 2-13　三自由度手腕

a) BBR 型三自由度手腕结构　b) BRR 型三自由度手腕结构　c) RBR 型三自由度手腕结构　d) BRB 型三自由度手腕结构
e) RBB 型三自由度手腕结构　f) RRR 型三自由度手腕结构　g) BBR 关节示意图　h) RBR 关节示意图　i) RRR 关节示意图

27

BBR 手腕，手部具有偏转、俯仰和手转运动。图 2-13b 所示是一个 B 关节和两个 R 关节组成的 BRR 手腕，为了不使自由度退化，使手部产生偏转、俯仰和手转运动，第一个 R 关节必须进行如图所示的偏置。图 2-13c 所示是一个 B 关节和两个 R 关节组成的 RBR 手腕，它可以实现手部臂转、偏转和手转运动。此外，B 关节和 R 关节排列的次序不同，也会产生不同的效果，同时产生了其他形式的三自由度手腕。为了使手腕结构紧凑，通常把两个 B 关节安装在一个十字接头上，这对于 BBR 手腕来说，大大减小了手腕纵向尺寸。

2. 手腕的典型结构

手腕除应满足起动和传送过程中所需的输出力矩和姿态外，还要求结构简单、紧凑轻巧、避免干涉、传动灵活，多数腕部的驱动部分安排在小臂上，使外形整齐，设法使几个电动机的运动传递到同轴旋转的心轴和多层套筒上，运动传到机器人腕部后再进行分路传动。

（1）单自由度回转运动手腕

单自由度回转运动手腕用回转液压缸或气缸直接驱动，实现腕部回转运动。如图 2-14 所示。这种手腕具有结构紧凑、体积小、运动灵活、响应快、精度高等特点，但回转角度受限制，一般小于 270°。

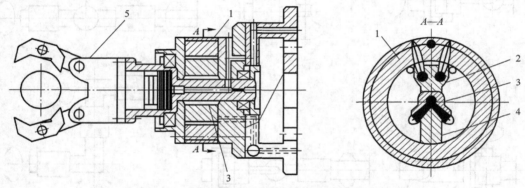

图 2-14　回转油缸直接驱动的单自由度腕部结构

1—回转液压缸　2—定片　3—腕回转轴　4—动片　5—手腕

（2）双自由度回转运动手腕

图 2-15 所示为采用齿轮传动机构实现手腕回转和俯仰的双自由度手腕，手腕的回转运动由传动轴 S 传递，轴 S 驱动锥齿轮 1 回转，并带动锥齿轮 2、3、4 转动，因手腕与锥齿轮 4 为一体，从而实现手部绕 C 轴的回转运动，手腕的俯仰由传动轴 B 传递，轴 B 驱动锥齿轮 6 回转，并带动锥齿轮 6 绕 A 轴回转，因手腕的壳体 7 与传动轴 A 用销子连接为一体，从而实现手腕的俯仰运动。

（3）三自由度回转运动手腕

图 2-16 是一个具有 3 个自由度的手腕结构，关节配置形式为臂转、腕摆、手转结构。其传动链分成两部分：一部分在机器人小臂壳内，3 个电动机的输出通过传动带分别传递到同轴传动的心轴、中间套、外套筒上；另一部分传动链安排在手腕部。

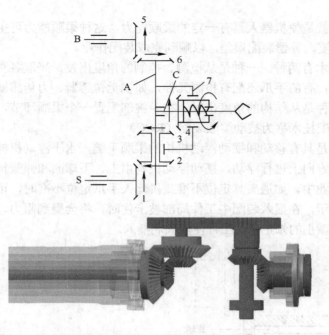

图 2-15　齿轮传动回转和俯仰腕部原理

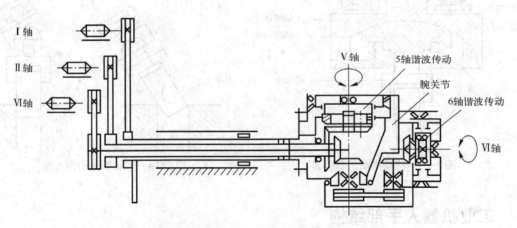

图 2-16　KUKA IR-662/100 型机器人手腕传动图

2.3.2　柔顺手腕结构

在用机器人进行的精密装配作业中，若被装配零件之间的配合精度高，由于被装配零件的不一致性，工件的定位夹具、机器人手爪的定位精度无法满足装配要求时，会导致装配困难，这对装配动作的柔顺性提出了要求。

柔顺手腕是顺应现代机器人装配作业产生的一项技术，它主要被应用于机器人轴孔装配作业中。在装配过程中，各类误差的存在很容易引起装配零件间产生按紧和卡阻的现象，而单纯依靠提高机器人及周边设备的精度来解决该问题在技术和经济上都难以实现，因此如何保证其装配过程中的精度、可靠性及效率就变得日益重要。而实现可靠有效的精密装配且经济实用的途径之一就是使机器人具有一定的柔顺能力，这种柔顺能力可主动或被动的调整装配体之间的相对位姿，补偿装配误差，以顺利完成装配作业。

柔顺性装配技术有两种。一种是从检测、控制的角度出发，采取各种不同的搜索方法，实现边校正边装配；有的手爪还配有检测元件，如视觉传感器、力传感器等，这就是所谓主动柔顺装配。另一种是从结构的角度出发，在手腕部配置一个柔顺环节，以满足柔顺装配的需要，这种柔顺装配技术称为被动柔顺装配（RCC）。

图 2-17 所示是具有移动和摆动浮动机构的柔顺手腕，水平浮动机构由平面、钢球和弹簧构成，可在两个方向上进行浮动，摆动浮动机构由上、下球面和弹簧构成，实现两个方向的摆动，在装配作业中，如遇夹具定位不准或机器人手爪定位不准时，可自行校正。其动作过程如图 2-18 所示，在插入装配中工件局部被卡住时，将会受到阻力，促使柔顺手腕起作用，使手爪有一个微小的修正量，工件便能顺利插入。

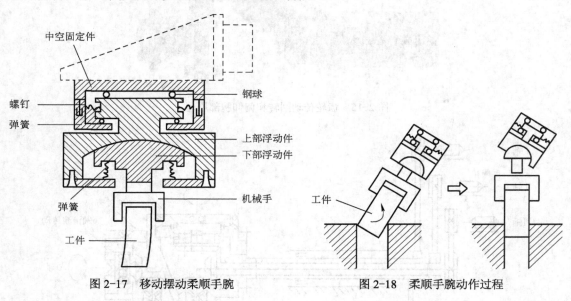

图 2-17　移动摆动柔顺手腕　　　　图 2-18　柔顺手腕动作过程

2.4　工业机器人手部结构

机器人的手部也叫末端执行器，是装在机器人手腕末端法兰上直接抓握工件或执行作业的部件。它具有模仿人手动作的功能，并安装于机器人手臂的前端。人的手有两种含义：第一种含义是医学上把包括上臂、手腕在内的整体称作手；第二种含义是把手掌和手指部分称作手。机器人的手部接近于第二种含义。由于被握持工件的形状、材质、尺寸、重量及表面状态都不同，所以手部的形状也多种多样，大部分手部结构都是根据特定的要求进行专门设计。

2.4.1　工业机器人手部的特点

1. 手部与手腕相连处可拆卸

根据夹持对象的不同，手部结构会有差异，通常一个机器人配有多个手部装置或工具，因此要求手部与手腕处的接头具有通用性和互换性。除机械接口，也可能有电、气、液接头，当工业机器人作业对象不同时，可以方便地拆卸和更换手部。

2．手部是机器人末端操作器

它可以像人手那样具有手指，也可以是不具备手指的手；可以是类人的手爪，也可以是进行专业作业的工具，比如装在机器人手腕上的喷枪、焊枪等。

3．手部的通用性比较差

机器人手部通常是专用的装置，比如：一种手爪往往只能抓握一种或几种在形状、尺寸、重量等方面相近似的工件；一种工具只能执行一种作业任务。

4．手部是一个独立的部件

假如把手腕归属于手臂，那么机器人机械系统的三大件就是机身、手臂和手部。手部对于整个工业机器人来说是完成作业好坏、作业柔性好坏的关键部件之一。具有复杂感知能力的智能化手爪的出现，增加了工业机器人作业的灵活性和可靠性。

2.4.2 工业机器人手部的分类

1．按用途分类

手部按照用途划分，可以分为手爪和专用操作器两类。

（1）手爪

手爪具有一定的通用性，它的主要功能是：抓住工件——握持工件——释放工件，如图 2-19 所示。

抓住——在给定的目标位置和期望姿态上抓住工件，工件在手爪内必须具有可靠的定位，保持工件与手爪之间准确的相对位姿，并保证机器人后续作业的准确性。

握持——确保工件在搬运过程中或零件在装配过程中定义了的位置和姿态的准确性。

释放——在指定点上解除手爪和工件之间的约束关系。

（2）专用操作器

专用操作器也称作工具，是进行某种作业的专用工具，如机器人涂装用喷枪、机器人焊接用焊枪等，如图 2-20 所示。

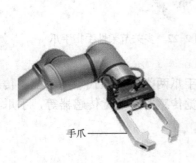

图 2-19　手爪

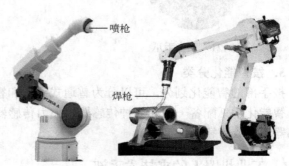

图 2-20　专用操作器

2．按夹持方式分类

手部按照夹持方式划分，可以分为外夹式、内撑式和内外夹持式三类。

1）外夹式——手部与被夹件的外表面相接触。

2）内撑式——手部与工件的内表面相接触。

3）内外夹持式——手部与工件的内、外表面相接触。

3．按工作原理分类

手部按其抓握原理可以分为夹持类和吸附类手部。

1）夹持类手部：通常又叫机械手爪，分为靠摩擦力夹持和吊钩承重两种，前者是有指手爪，后者是无指手爪。驱动源有气动、液压、电动和电磁四种。

2）吸附类手部：吸附类手部有磁力类吸盘和真空类吸盘两种。磁力类吸盘主要是磁力吸盘，有电磁吸盘和永磁吸盘两种。真空类吸盘主要是真空式吸盘，根据形成真空的原理可分为真空吸盘、气流负压吸盘和挤气负压吸盘三种。磁力类吸盘和真空类吸盘都是无指手爪。吸附式手部适应于大平面（单面接触无法抓取）、易碎（玻璃、磁盘、晶圆）、微小（不易抓取）的物体，因此使用面也比较大。

4．按手指或吸盘数目分类

按手指数目可分为二指手爪及多指手爪。按手指关节可分为单关节手指手爪及多关节手指手爪。吸盘式手爪按吸盘数目可分为单吸盘式手爪及多吸盘式手爪。

如图 2-21 所示为一种三指手爪的外形图，每个手指是独立驱动的。这种三指手爪与二指手爪相比可以抓取类似立方体、圆柱体及球体等形状的物体。如图 2-22 所示为一种多关节柔性手指手爪，它的每个手指具有若干个被动式关节，每个关节不是独立驱动的。在拉紧夹紧钢丝绳后柔性手指环抱住物体，因此这种柔性手指手爪对物体形状有一定适应性。但是，这种柔性手指并不同于各个关节独立驱动的多关节手指。

图 2-21　三指手爪

图 2-22　多关节柔性手指手爪

5．按智能化分类

按手部的智能化划分，可以分为普通式手爪和智能化手爪两类。普通式手爪不配备传感器。智能化手爪配备一种或多种传感器，如力传感器、触觉传感器及滑觉传感器等，手爪与传感器集成成为智能化手爪。

2.4.3　工业机器人的夹持式手部

夹持式手部除常用的夹钳式外，还有钩托式和弹簧式。按其手指夹持工件时的运动方式不同，又可分为手指回转型和指面平移型。

1．夹钳式手部

夹钳式手部与人手相似，是工业机器人广为应用的一种手部形式。它一般由手指（手爪）和驱动机构、传动机构及连接与支承元件组成，如图 2-23 所示，能通过手爪的开闭动作实现对物体的夹持。

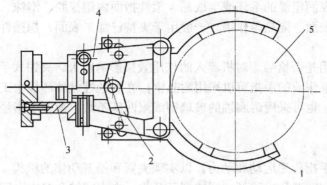

图 2-23　夹钳式手部的组成

1—手指　2—传动机构　3—驱动装置　4—支架　5—工件

（1）手指

手指是直接与工件接触的部件。手部松开和夹紧工件，就是通过手指的张开与闭合来实现的。机器人的手部一般有两个手指，也有三个或多个手指，其结构形式常取决于被夹持工件的形状和特性。

指端是手指上直接与工件接触的部位，它的形状取决于工件的形状。通常有 V 形指（图 2-24a）、平面指（图 2-24b）、尖指或薄长指（图 2-24c）以及特形指（图 2-24d）。

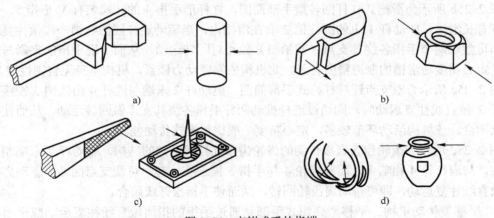

图 2-24　夹钳式手的指端

a) V 形指　b) 平面指　c) 尖指　d) 特形指

V 形指适用于夹持圆柱形工件，夹持稳定可靠，夹持误差小。平面指一般用于夹持方形工件（具有两个平行平面）、板形或细小棒料。尖指、薄指或长指一般用于夹持小型或柔性工件。其中，薄指一般用于夹持位于狭窄工作场地的细小工件，以避免和周围障碍物相碰；长指一般用于夹持炽热的工件，以免热辐射对手部传动机构的影响。对于不规则的工件，必须设计出与工件相适应的专用特形指，才能正常夹持工件。

指面的形状常有光滑指面、齿形指面和柔性指面等。光滑指面平整光滑，用来夹持已加工表面，避免已加工表面受损。齿形指面刻有齿纹，可增加夹持工件的摩擦力，以确保夹紧牢靠，多用来夹持表面粗糙的毛坯或半成品。柔性指面内镶橡胶、泡沫、石棉等物，有增加摩擦力、保护工件表面、隔热等作用，一般用于夹持已加工表面、炽热件，也适于夹持薄壁件和脆性工件。

手指材料的选用是否恰当，对机器人的使用效果影响较大。夹钳式手指一般采用碳素钢和合金工具钢。高温作业的手指可以采用耐热钢；在腐蚀性气体环境中工作的手指，可以进行镀铬或搪瓷处理，也可采用耐腐蚀的玻璃钢或聚四氟乙烯。为使手指经久耐用，指面可以镶嵌硬质合金。

（2）传动机构

传动机构是向手指传递运动和动力，以实现夹紧和松开动作的机构。该机构根据手指开合的动作特点分为回转型和平移型。回转型又分为一支点回转和多支点回转。根据手爪夹紧是摆动还是平动，又可分为摆动回转型和平动回转型。

1）回转型传动机构。夹钳式手部中较多的是回转型手部，其手指就是一对（或几对）杠杆，再同斜楔、滑槽、连杆、齿轮、蜗轮蜗杆或螺杆等机构组成复合式杠杆传动机构，用以改变传动比和运动方向等。

图 2-25a 所示为单作用斜楔杠杆式回转型手部结构简图。斜楔 2 向下运动，克服弹簧 5 的拉力，使杠杆手指装着滚子 3 的一端向外撑开，从而夹紧工件 8；斜楔向上移动，则在弹簧拉力作下使手指 7 松开。手指与斜楔通过滚子接触可以减少摩擦力，提高机械效率，有时为了简化，也可让手指与斜楔直接接触。

图 2-25b 所示为滑槽式杠杆回转型手部简图，杠杆形手指 4 的一端装有 V 形指 5，另一端则开有长滑槽。驱动杆 1 上的圆柱销 2 套在滑槽内，当驱动连杆同圆柱销一起做往复运动时，即可拨动两个手指各绕其支点（铰销 3）做相对回转运动，从而实现手指的夹紧与松开动作。定心精度与滑槽的制造精度有关。此机构依靠驱动力锁紧，机构本身无自锁性能。

图 2-25c 所示为双支点连杆杠杆式手部简图。驱动杆 2 末端与连杆 4 由铰销 3 铰接，当驱动杆 2 做直线往复运动时，则通过连杆推动两杆手指各绕其支点做回转运动，从而使手指松开或闭合。该机构活动环节较多，定心精度一般比斜楔式传动差。

图 2-25d 所示为齿轮齿条直接传动的齿轮齿条杠杆式手部的结构。驱动杆 2 末端制成双面齿条，与扇齿轮 4 相啮合，而扇齿轮 4 与手指 5 固连在一起，可绕支点回转。驱动力推动齿条做直线往复运动，即可带动扇齿轮回转，从而使手指松开或闭合。

2）平移型传动机构。平移型夹钳式手部是通过手指的指面做直线往复运动或平面移动来实现张开或闭合动作的，常用于夹持具有平行平面的工件（如箱体等）。其结构较复杂，不如回转型手部应用广泛。根据其结构，可分平面平行移动机构和直线往复移动机构两种类型。

① 平面平行移动机构如图 2-26a 所示，它通过驱动器 1 和驱动元件 2 带动平行四边形四连杆机构（3 为主动摇杆、4 为从动摇杆）实现手指平移。

② 直线往复移动机构。实现直线往复移动的机构很多，常用的斜楔传动、齿条传动、螺旋传动等均可应用于手部结构。如图 2-26b 所示为直线往复移动机构。它们既可是双指型的，也可是三指（或多指）型的；既可自动定心，也可非自动定心。

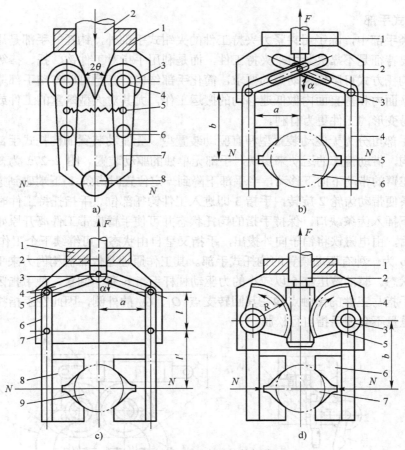

图 2-25 夹钳式手部的组成

a) 斜楔杠杆式   b) 滑槽式杠杆回转型   c) 双支点连杆杠杆式   d) 齿轮齿条杠杆式

a) 1—壳体   2—斜楔   3—滚子   4—圆柱销   5—拉簧   6—铰销   7—手指   8—工件

b) 1—驱动杆   2—圆柱销   3—铰销   4—手指   5—V 形指   6—工件

c) 1—壳体   2—驱动杆   3—铰销   4—连杆   5、7—圆柱销   6—手指   8—V 形指   9—工件

d) 1—壳体   2—驱动杆   3—小轴   4—扇齿轮   5—手指   6—V 形指   7—工件

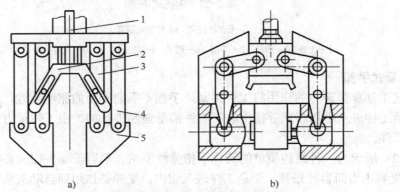

图 2-26 平移型传动机构

a) 平面平行移动机构   b) 直线往复移动机构

1—驱动器   2—驱动元件   3—主动摇杆   4—从动摇杆   5—手指

2．钩托式手部

在夹持类手部中，除了用夹紧力夹持工件的夹钳式手部外，钩托式手部是用得较多的一种。它的主要特征是不靠夹紧力来夹持工件，而是利用手指对工件钩、托、捧等动作来托持工件。应用钩托方式可降低驱动力的要求，简化手部结构，甚至可以省略手部驱动装置。它适用于在水平面内和垂直面内做低速移动的搬运工作，尤其对大型笨重的工件或结构粗大而质量较轻且易变形的工件更为有利。

钩托式手部可分为无驱动装置型和有驱动装置型。无驱动装置的钩托式手部，手指动作通过传动机构，借助臂部的运动来实现，手部无单独的驱动装置。图 2-27a 为一种无驱动装置型，手部在臂的带动下向下移动，当手部下降到一定位置时齿条 1 下端碰到撞块，臂部继续下移，齿条便带动齿轮 2 旋转，手指 3 即进入工件钩托部位。手指托持工件时，销子 4 在弹簧力作用下插入齿条缺口，保持手指的钩托状态并可使手臂携带工件离开原始位置。在完成钩托任务后，由电磁铁将销子向外拔出，手指又呈自由状态，可继续下个工作循环程序。

图 2-27b 为一种有驱动装置的钩托式手部。其工作原理是依靠机构内力来平衡工件重力而保持托持状态。驱动液压缸 5 以较小的力驱动杠杆手指 6 和 7 回转，使手指闭合至托持工件的位置。手指与工件的接触点均在其回转支点 O_1、O_2 的外侧，因此在手指托持工件后，工件本身的重量不会使手指自行松脱。

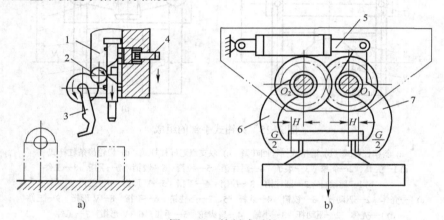

图 2-27　钩托式手部

a) 无驱动装置　b) 有驱动装置

1—齿条　2—齿轮　3—手指　4—销子　5—液压缸　6、7—杠杆手指

3．弹簧式手部

弹簧式手部靠弹簧力的作用将工件夹紧，手部不需要专用的驱动装置，结构简单。它的使用特点是工件进入手指和从手指中取下工件都是强制进行的。由于弹簧力有限，故只适于夹持轻小工件。

图 2-28 所示为一种结构简单的簧片手指弹性手爪。手臂带动夹钳向坯料推进时，弹簧片 3 由于受到压力而自动张开，于是工件进入钳内，受弹簧作用而自动夹紧。当机器人将工件传送到指定位置后，手指不会将工件松开，必须先将工件固定后，手部后退，强迫手指撑开后留下工件。这种手部只适用于定心精度要求不高的场合。

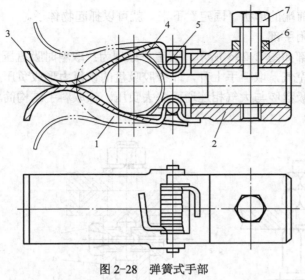

图 2-28 弹簧式手部

1—工件 2—套筒 3—弹簧片 4—扭簧 5—销钉 6—螺母 7—螺钉

2.4.4 工业机器人的吸附式手部

1．气吸附式手部

气吸附式手部是工业机器人常用的一种吸持工件的装置，由吸盘、吸盘架及进排气系统组成，利用吸盘内的压力和大气压之间的压力差而工作。气吸式取料手与夹钳式取料手相比，具有结构简单、重量轻、使用方便可靠、对工件表面没有损伤、吸附力分布均匀等优点，对于薄片状物体的搬运更有其优越性（如板材、纸张、玻璃等物体），广泛应用于非金属材料或不可有剩磁材料的吸附。但要求物体表面较平整光滑，无孔无凹槽，冷搬运环境。

按形成压力差的原理，可分为真空吸附、气流负压吸附、挤压排气吸附 3 种。

（1）真空吸附手部

图 2-29a 所示为真空吸附手部的结构原理。其真空的产生是利用真空发生器，真空度较高。主要零件为碟形橡胶吸盘 1，通过固定环 2 安装在支承杆 4 上，支承杆由螺母 5 固定在基板 6 上。取料时，碟形橡胶吸盘与物体表面接触，橡胶吸盘在边缘既起到密封作用，又起到缓冲作用，然后真空抽气，吸盘内腔形成真空，吸取物料。放料时，管路接通大气，失去真空，物体放下。为避免在取、放料时产生撞击，有的还在支承杆上配有弹簧缓冲。为了更好地适应物体吸附面的倾斜状况，有的在橡胶吸盘背面设计有球铰链。真空吸附取料手有时还用于微小无法抓取的零件。

（2）气流负压吸附手部

气流负压吸附手部如图 2-29b 所示。气流负压吸附手部是利用流体力学的原理，当需要取物时，压缩空气高速流经喷嘴 5 时，其出口处的气压低于吸盘腔内的气压，于是腔内的气体被高速气流带走而形成负压，完成取物动作；当需要释放时，切断压缩空气即可。这种取料手需要压缩空气，工厂里较易取得，故成本较低。

利用负压吸附取料的还有球形手部，如图 2-30 所示，它的握持部件是一个填充了研磨咖啡粉的气球。这个气球的后方连接着气泵，在接触并包裹要抓起的物体时，气泵启动产生负压抽走空气，使手前端的形状"固定"下来，就可以抓起物体了。

（3）挤压排气吸附手部

挤压排气吸附手部如图 2-29c 所示。其工作原理为：取料时吸盘压紧物体，橡胶吸盘变形，挤出腔内多余的空气，取料手上升，靠橡胶吸盘的恢复力形成负压，将物体吸住；释放时，压下拉杆 3，使吸盘腔与大气相连通而失去负压。该取料手结构简单，但吸附力小，吸附状态不易长期保持。

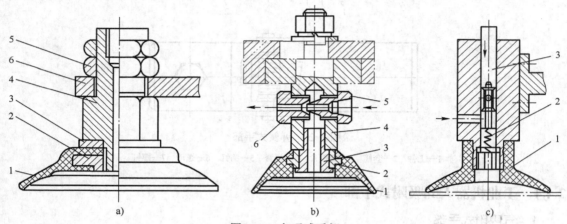

图 2-29　气吸式手部

a) 真空吸附手部　b) 气流负压吸附手部　c) 挤压排气吸附手部

a) 1—橡胶吸盘　2—固定环　3—垫片　4—支承杆　5—基板　6—螺母

b) 1—橡胶吸盘　2—心套　3—通气螺钉　4—支承杆　5—喷嘴　6—喷嘴套

c) 1—橡胶吸盘　2—弹簧　3—拉杆

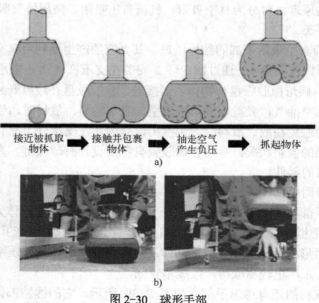

接近被抓取　接触并包裹　抽走空气　抓起物体
物体　　　　物体　　　　产生负压

a)

b)

图 2-30　球形手部

a) 原理图　b) 实物图

2．磁吸附式手部

磁吸附式手部是利用永久磁铁或电磁铁通电后产生的电磁吸力取料，因此只能对铁磁物体起作用；另外，对某些不允许有剩磁的零件要禁止使用。所以，磁吸附式取料手的使用有一定的局限性。

电磁铁工作原理如图 2-31a 所示。当线圈 1 通电后，在铁心 2 内外产生磁场，磁力线穿过铁心，空气隙和衔铁 3 被磁化并形成回路，衔铁受到电磁吸力 F 的作用被牢牢吸住。实际使用时，往往采用如图 2-31b 所示的盘式电磁铁，衔铁是固定的，衔铁内用隔磁材料将磁力线切断，当衔铁接触磁铁物体零件时，零件被磁化形成磁力线回路，并受到电磁吸力而被吸住。

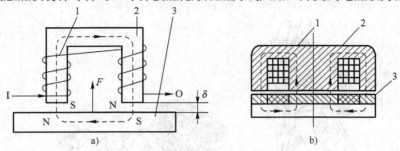

图 2-31　电磁工作原理

a) 电磁铁工作原理　b) 盘式电磁铁

1—线圈　2—铁心　3—衔铁

2.4.5　仿人手机器人手部

目前，大部分工业机器人的手部只有两个手指，而且手指上一般没有关节。因此取料不能适应物体外形的变化，不能使物体表面承受比较均匀的夹持力，因此无法满足对复杂形状、不同材质的物体实施夹持和操作。

为了提高机器人手部和腕部的操作能力、灵活性和快速反应能力，使机器人能像人手一样进行各种复杂的作业，如装配作业、维修作业、设备操作等，就必须有一个运动灵活、动作多样的灵巧手，即仿人手机器人手部。

1．柔性手

为了能对不同外形的物体实施抓取，并使物体表面受力比较均匀，因此研制出了柔性手。如图 2-32a 所示为多关节柔性手腕，每个手指由多个关节串联而成。手指传动部分由牵引钢丝绳及摩擦滚轮组成，每个手指由两根钢丝绳牵引，一侧为握紧，另一侧为放松。驱动源可采用电动机驱动或液压、气动元件驱动。柔性手腕可抓取凹凸不平的外形并使物体受力较为均匀。

2．多指灵巧手

机器人手爪和手腕最完美的形式是模仿人手的多指灵巧手。如图 2-32b、c 所示，多指灵巧手有多个手指，每个手指有 3 个回转关节，每一个关节的自由度都是独立控制的。因此，几乎人手指能完成的各种复杂动作它都能模仿，诸如拧螺钉、弹钢琴、做礼仪手势等动作。在手部配置触觉、力觉、视觉、温度传感器，将会使多指灵巧手达到更完美的程度。多指灵巧手的应用前景十分广泛，可在各种极限环境下完成人无法实现的操作，如核工业领域、宇宙空间作业，在高温、高压、高真空环境下作业等。

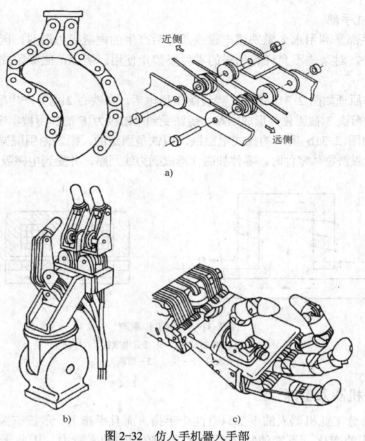

近侧

远侧

a)

b)   c)

图 2-32　仿人手机器人手部

a) 多关节柔性手　b) 三指灵巧手　c) 四指灵巧手

2.5　工业机器人驱动与传动

2.5.1　驱动装置

驱动装置是带动臂部到达指定位置的动力源，通常动力是直接或经电缆、齿轮箱或其他方法送至臂部。目前使用的主要有三种驱动方式：液压驱动、气压驱动和电动驱动。

1．液压驱动装置

液压驱动装置输出力矩大，可省去减速装置，直接与被驱动的杆件相连，结构紧凑，刚度好，但是响应较慢，驱动精度不高。需要增设液压源，易产生液体泄漏，不适合高、低温场合。故液压驱动目前多用于特大功率的机器人系统。

2．气动驱动装置

气压驱动的结构简单，清洁，动作灵敏，具有缓冲作用，但与液压驱动装置相比，输出力矩较小，刚度差，噪音大，速度不易控制，所以多用于精度不高的点位控制机器人。

3．电动驱动装置

电动驱动装置的能源简单，速度变化范围大，效率高，速度和位置精度都很高。但它们多与减速装置相连，直接驱动比较困难，电动驱动装置又可分为直流（DC）、交流（AC）伺服电动机驱动和步进电动机驱动，如图 2-33 所示。直流电动机电刷易磨损，且易形成火花，无刷直流电动机得到了越来越广泛的应用，步进电动机驱动多为开环控制，控制简单但功率不大，多用于低精度小功率机器人系统或者自动化生产线。

图 2-33　电动驱动装置

a) 直流有刷电动机　b) 盘式直流无刷电动机　c) 步进电动机　d) 伺服电动机

2.5.2　传动机构

传动机构用来把驱动器的运动传递到关节和动作部位。机器人的传动系统要求机构紧凑、重量轻、转动惯量和体积小，并且能消除传动间隙，提高其运动和位置精度。工业机器人传动装置除连杆传动、带传动和齿轮传动外，还有滚珠丝杠传动、谐波传动、同步齿形带传动。

1．直线驱动机构

（1）齿轮齿条装置

通常，齿条固定不动，当齿轮转动时，齿轮轴连同拖板沿齿条方向做直线运动，齿轮的旋转运动转换为拖板的直线运动，如图 2-34 所示，拖板是由导杆或导轨支承的，该装置的回差较大，齿轮反转时有间隙。

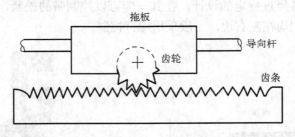

图 2-34　齿轮齿条装置

（2）滚珠丝杠

在机器人上经常采用滚珠丝杠传动，这是因为滚珠丝杠的摩擦力很小且运动响应速度快。由于滚珠丝杠在丝杠螺母的螺旋槽里放置了许多滚珠，传动过程中所受的摩擦力是滚动摩擦，可极大地减小摩擦力，因此传动效率高，消除了低速运动时的爬行现象。在装配时施加一定的预紧力，可消除回差。

如图 2-35 所示，滚珠丝杠里的滚珠从钢套管中出来，进入经过研磨的导槽，转动 2～3 圈以后，返回钢套管。滚珠丝杠的传动效率可以达到 90%，所以只需要使用极小的驱动力，并采用较小的驱动连接件就能够传递运动。

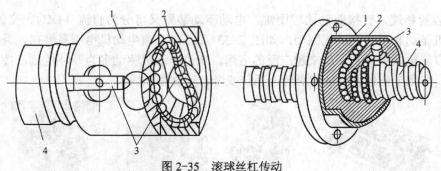

图 2-35　滚球丝杠传动

1—螺母　2—滚珠　3—回程引导装置　4—丝杠

（3）液压传动（直接平移）

液压传动是由高精度的缸体和活塞一起完成的，液压油从液压缸的一端进入，把活塞推向液压缸的另一端，调节液压缸内部活塞两端的液体压力和进入液压缸的油量即可控制活塞的运动，液压传动适用于生产线固定式大功率机器人。

（4）同步带滑台

同步带滑台是一种可以提供直线运动的机械结构，其传动方式由皮带和直线导轨完成。由同步带、同步带轮、直线导轨、滑块、铝合金型材、联轴器、步进电动机等零部件组成，如图 2-36 所示。同步带安装在铝合金型材两侧的同步带轮上，同步带轮分别与铝合金型材两侧上的传动轴连接，其中一个轴通过弹性联轴器与步进电动机输出轴连接，该轴为动力输入轴，非封闭式同步带的两端与滑块左右侧连接，滑块可在与铝合金型材上端固连的直线导轨上滑动。当有动力输入时，输入轴带动同步带轮转动，同步带轮带动同步带转动，同步带带动滑块在直线导轨上沿直线移动。

可以根据不同的负载需要选择增加刚性导轨来提高刚性。不同规格的滑台，负载上限不同。通常同步带型设备经过特定的设计，在其一侧可以控制带的松紧，方便设备在生产过程中的调试，其松紧控制均在左右边，一般采用螺钉控制。

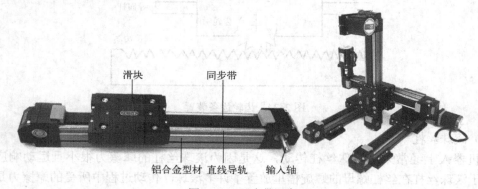

图 2-36　同步带滑台

2．旋转传动机构

（1）轮系

轮系是由两个或两个以上的齿轮组成的传动机构，它不但可以传递运动角位移和角速度，而且可以传递力和力矩。

使用轮系应注意两个问题。一是轮系的引入会改变系统的等效转动惯量，从而使驱动电动机的响应时间减小，这样伺服系统就更加容易控制。输出轴转动惯量转换到驱动电动机上，等效转动惯量的下降与输入输出齿轮齿数的平方成正比。二是在引入轮系的同时，由于齿轮间隙误差，将会导致机器人手臂的定位误差增加；如不采取一些补救措施，齿隙误差还会引起伺服系统的不稳定性。

通常，圆柱齿轮的传动效率约为 90%，因为结构简单，传动效率高，圆柱齿轮在机器人设计中最常见；斜齿轮传动效率约为 80%，斜齿轮可以改变输出轴方向；锥齿轮传动效率约为 70%，锥齿轮可以使输入轴与输出轴不在同一个平面，传动效率低；蜗轮蜗杆传动效率约为 70%，蜗轮蜗杆机构的传动比大，传动平稳，可实现自锁，但传动效率低，制造成本高，需要润滑；行星轮系传动效率约为 80%，传动比大，但结构复杂。

（2）同步齿形带

同步齿形带类似于工厂的风扇皮带和其他传动皮带，所不同的是这种皮带上具有许多型齿，它们和同样具有型齿的同步带轮齿相啮合，如图 2-37 所示。工作时，它们相当于柔软的齿轮，具有柔性好、价格便宜两大优点。另外，同步皮带还被用于输入轴和输出轴方向不一致的情况。这时，只要同步带足够长，使皮带的扭角误差不太大，则同步带仍能够正常工作。在伺服系统中，如果输出轴的位置采用码盘测量，则输入传动的同步带可以放在伺服环外面，这对系统的定位精度和重复性不会有影响，重复精度可以达到 1mm 以内。此外，同步带比轮系价格低得多，加工也容易得多。有时，轮系和同步带结合起来使用更为方便。

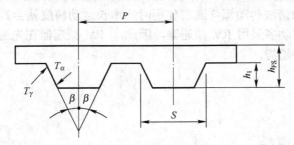

图 2-37　同步齿形带形状

（3）谐波减速器

虽然谐波齿轮已问世多年，但直到最近人们才开始广泛地使用它。目前，机器人的旋转关节有 60%～70% 都使用谐波齿轮。谐波齿轮传动机构由刚性齿轮、谐波发生器和柔性齿轮三个主要零件组成，如图 2-38 所示。工作时，刚性齿轮固定安装，各齿均布于圆周，具有外齿形的柔性齿轮沿刚性齿轮的内齿转动。柔性齿轮比刚性齿轮少两个齿，所以柔性齿轮沿刚性齿轮每转一圈就反方向转过两个齿的相应转角。谐波发生器具有椭圆形轮廓，装在谐波发生器上的滚珠用于支承柔性齿轮，谐波发生器驱动柔性齿轮旋转并使之发生塑性变形。转动时，柔性齿轮的椭圆形端部只有少数齿与刚性齿轮啮合，只有这样，柔性齿轮才能相对于刚性齿轮自由地转过一定的角度。

假设刚性齿轮有 100 个齿，柔性齿轮比它少 2 个齿，则当谐波发生器转 50 圈时，柔性齿轮转 1 圈，这样只占用很小的空间就可得到 1：50 的减速比。由于同时啮合的齿数较多，因此谐波发生器的力矩传递能力很强。在 3 个零件中，尽管任何 2 个都可以选为输入元件和输出元件，但通常总是把谐波发生器装在输入轴上，把柔性齿轮装在输出轴上，以获得较大的齿轮减速比。

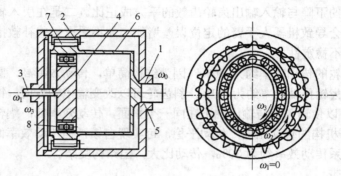

图 2-38 谐波齿轮传动

1—钢性齿轮 2—钢性内齿轮 3—输入轴 4—谐波发生器 5—输出轴 6—柔轮 7—柔轮齿圈 8—滚动轴承

（4）RV 减速器

相比于谐波减速器，RV 减速器（图 2-39、图 2-40）具有更高的刚度和回转精度。因此在关节型机器人中，一般将 RV 减速器放置在机座、大臂、肩部等重负载的位置；而将谐波减速器放置在小臂、腕部或手部；行星减速器一般用在直角坐标机器人上。

同时，RV 减速器较机器人中常用的谐波传动具有高得多的疲劳强度、刚度和寿命，而且回差精度稳定，不像谐波传动那样随着使用时间增长运动精度就会显著降低，故世界上许多国家高精度机器人传动多采用 RV 减速器，因此，RV 减速器在先进机器人传动中有逐渐取代谐波减速器的发展趋势。

图 2-39 RV 减速器组成

图 2-40 RV 减速器结构

3．工业机器人的制动器

许多机器人的机械臂都需要在各关节处安装制动器，其作用是：在机器人停止工作时，保持机械臂的位置不变；在电源发生故障时，保护机械臂和它周围的物体不发生碰撞。例如轮系、谐波齿轮机构和滚珠丝杠等元件的质量精度较高，一般其摩擦力都很小，在驱动器停止工作的时候，它们是不能承受负载的。如果不采用如制动器、夹紧器或止挡等装置，一旦电源关闭，机器人的各个部件就会在重力的作用下滑落。因此，机器人制动装置是十分必要的。制动器通常是按失效抱闸方式工作的，即要放松制动器就必须接通电源，否则，各关节不能产生相对运动。它的主要目的是在电源出现故障时起保护作用。其缺点是在工作期间要不断花费电力使制动器放松。假如需要的话也可以采用一种省电的方法，其原理是：需要各关节运动时，先接通电源，松开制动器，然后接通另一电源，驱动一个挡销将制动器锁在放松状态。这样所需要的电力仅仅是把挡销放到位所花费的电力。为了使关节定位准确，制动器必须有足够的定位精度。制动器应当尽可能地放在系统的驱动输入端，这样利用传动链速比，能够减小制动器的轻微滑动所引起的系统移动，保证了在承载条件下仍具有较高的定位精度。

如图 2-41 所示为电磁失电制动器结构图，电磁失电制动器主要由励磁部分（磁轭 1、线圈 2、弹簧 3、衔铁 4）、制动盘 8、花键套 9 等主要零部件组成。励磁部份通过安装螺钉 7 安装在机座上，旋合安装螺钉 7 调整气隙至规定值 δ 后，反向旋出空心螺栓 6，顶紧励磁部分。花健套 9 通过键与传动轴相连；制动盘 8 与花健套 9 通过花键啮合。当线圈 2 断电时，在弹簧 3 的作用下，制动盘 8 与衔铁 4、机座端面 10 产生摩擦力，通过花键套 9 传给传动轴使轴制动。当线圈 2 通电后，在电磁力作用下，衔铁 4 被吸向磁轭 1，使制动盘 8 松开，传动轴制动解除。设备检修停电时，可通过释放机构 5 使制动解除。安装前应将摩擦副表面油污、杂物清除干净。

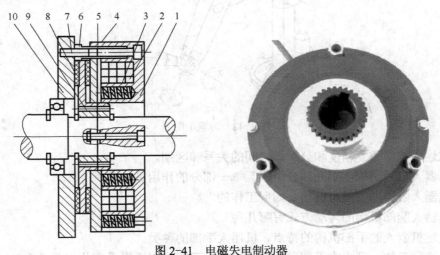

图 2-41　电磁失电制动器

1—磁轭　2—线圈　3—弹簧　4—衔铁　5—螺栓释放　6—空心螺栓

7—安装螺钉　8—制动盘　9—花键套　10—电机座端面

2.6　习题

一、填空题

1. 机器人机身和臂部的配置形式有＿＿＿＿、＿＿＿＿、＿＿＿＿和＿＿＿＿。

2. 腕部是连接＿＿＿＿和＿＿＿＿的结构部件，它的主要作用是确定手部的＿＿＿＿。

3．若手腕的关节轴线与手臂的纵轴线共线，该手腕关节称为_____，若手腕的关节轴线与手臂的纵轴线垂直，该手腕关节称为_____。

4．手部按其抓握原理可以分为_____和_____。

5．机器人主要有三种驱动方式：_____、_____和_____。

二、判断题

1．臂部是机器人的主要执行部件，它的作用是支承腕部和手部，确定手部的位姿。
（　　）

2．工业机器人的手部为专用部件，通用性比较差。
（　　）

3．一般将 RV 减速器放置在机座、大臂、肩部等重负载的位置，而将谐波减速器放置在小臂、腕部或手部。
（　　）

三、简答题

1．图 2-42 所示的机器人为何种坐标类型的机器人？

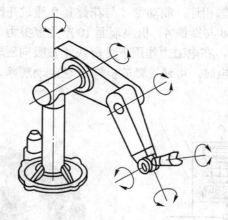

图 2-42　习题 1 图

2．试述精度、重复精度和分辨率之间的关系和区别。

3．机器人机械结构由哪几部分组成？每一部分的作用是什么？

4．机器人的俯仰型机身机构是如何工作的？

5．机器人腕部机构的转动方式有哪几种？

6．试述机器人的手部机构的特点，机器人手部的种类。

7．夹持类手部、吸附类手部和仿人手机器人手部分别适用于哪些作业场合？

8．夹持类手部有哪几类？夹钳式手部由哪几个部分组成？

第3章　工业机器人的运动学和动力学

教学目标

1. 理解工业机器人的位姿描述和齐次变换。
2. 掌握齐次坐标和齐次变换矩阵的运算。
3. 理解连杆参数、连杆变换和运动学方程的求解。
4. 了解研究动力学的内容及方法。

3.1　工业机器人的运动学

机器人运动学主要是把机器人相对于固定参考系的运动作为时间或者关节变量的函数进行分析研究，而不考虑引起这些运动的力和力矩。也就是要把机器人的空间位姿解析地表示为时间或者关节变量的函数，特别是要研究关节变量空间和机器人末端执行器位置和姿态之间的关系。机器人运动学涉及对机器人相对于固定参考坐标系运动几何学关系的分析研究，而与产生运动的力或力矩无关。这样，运动学就涉及机器人空间位移作为时间函数的解析说明，特别是机器人末端执行器位置和姿态与关节变量空间之间的关系。

常见的机器人运动学问题可归纳如下：

1）对一给定的机器人，已知杆件几何参数和关节角矢量，求机器人末端执行器相对于参考坐标系的位置和姿态。

2）已知机器人杆件的几何参数，给定机器人末端执行器相对于参考坐标系的期望位置和姿态（位姿），机器人能否使其末端执行器达到这个预期的位姿？如能达到，那么机器人有几种不同形态可满足同样的条件？

第一个问题常称为运动学正问题（直接问题），第二个问题常称为运动学逆问题（解臂形问题），这两个问题是机器人运动学中的基本问题。由于机器人手臂的独立变量是关节变量，但作业通常是用参考坐标系来描述的，所以常常碰到的是第二个问题，即机器人逆向运动学问题。1955 年 Denavit 和 Hartenberg 提出了一种采用矩阵代数的系统而广义的方法，来描述机器人手臂杆件相对于固定参考坐标系的空间几何。这种方法使用 4×4 齐次变换矩阵来描述两个相邻的机械刚性构件间的空间关系，把正向运动学问题简化为寻求等价的 4×4 齐次变换矩阵，此矩阵把手部坐标系的空间位移与参考坐标系联系起来，并且该矩阵还可用于推导手臂运动的动力学方程，而逆向运动学问题可采用几种方法来求解，最常用的是矩阵代数、迭代或几何方法。

3.1.1　工业机器人位姿描述

1．点的位置描述

如图 3-1 所示，在选定的直角坐标系{A}中，空间任一点 P 的位置可用(3×1)列阵（或称三维列向量）$^A P$ 表示，其左上标代表选定的参考坐标系。

$$^A P = \begin{bmatrix} p_x \\ p_y \\ p_z \end{bmatrix} \qquad (3-1)$$

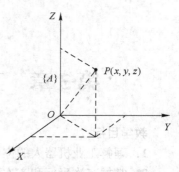

式中：P_x、P_y、P_z 是点 P 在坐标系 $\{A\}$ 中的三个坐标分量；$^A p$ 的左上标 A 代表选定的参考坐标系。

2．点的齐次坐标

如果用四个数组成(4×1)列阵（或称四维列向量）表示三维空间直角坐标系 $\{A\}$ 中点 P，则该列阵称为三维空间点 P 的齐次坐标。

图 3-1　点的位置描述

$$P = \begin{bmatrix} p_x \\ p_y \\ p_z \\ 1 \end{bmatrix} \qquad (3-2)$$

必须注意，齐次坐标的表示不是唯一的。我们将其各元素同乘一个非零因子 ω 后，仍然代表同一点 P，即

$$P = \begin{bmatrix} p_x & p_y & p_z & 1 \end{bmatrix}^T = \begin{bmatrix} a & b & c & \omega \end{bmatrix}^T$$

其中，$a = \omega p_x$，$b = \omega p_y$，$c = \omega p_z$。该列阵也表示 P 点，齐次坐标的表示不是唯一的。

3．坐标轴方向的描述

如图 3-2 所示，i、j、k 分别是直角坐标系中 X、Y、Z 坐标轴的单位矢量，若用齐次坐标来描述 X、Y、Z 轴，则定义下面三个(4×1)列阵分别为单位矢量 i、j、k（即 X、Y、Z 坐标轴）的方向列阵。

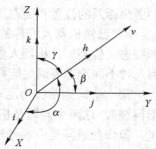

$$i = \begin{bmatrix} 1 & 0 & 0 & 0 \end{bmatrix}^T$$
$$j = \begin{bmatrix} 0 & 1 & 0 & 0 \end{bmatrix}^T$$
$$k = \begin{bmatrix} 0 & 0 & 1 & 0 \end{bmatrix}^T$$

图 3-2 中所示矢量 v 的单位矢量 h 的方向列阵为

图 3-2　坐标轴及矢量的描述

$$h = \begin{bmatrix} a & b & c & 0 \end{bmatrix}^T = \begin{bmatrix} \cos\alpha & \cos\beta & \cos\gamma & 0 \end{bmatrix}^T \qquad (3-3)$$

式中，α、β、γ 分别是矢量 v 与坐标轴 X、Y、Z 的夹角，$0° \leqslant \alpha \leqslant 180°$，$0° \leqslant \beta \leqslant 180°$，$0° \leqslant \gamma \leqslant 180°$。$\cos\alpha$、$\cos\beta$、$\cos\gamma$ 称为矢量 v 的方向余弦，且满足 $\cos^2\alpha + \cos^2\beta + \cos^2\gamma = 1$。

综上所述，可得出以下结论：

（1）(4×1)列阵 $\begin{bmatrix} a & b & c & w \end{bmatrix}^T$ 中第四个元素不为零，则表示空间某点的位置；

（2）(4×1)列阵 $\begin{bmatrix} a & b & c & 0 \end{bmatrix}^T$ 中第四个元素为零，且 $a^2 + b^2 + c^2 = 1$，则表示某个坐标轴（或某个矢量）的方向，$\begin{bmatrix} a & b & c & 0 \end{bmatrix}^T$ 称为该矢量的方向列阵。

表示坐标原点的(4×1)列阵定义为：$o = \begin{bmatrix} 0 & 0 & 0 & \alpha \end{bmatrix}^T \alpha \neq 0$。

【例 3-1】 用齐次坐标分别写出图 3-3 中矢量 u、v、w 的方向列阵。

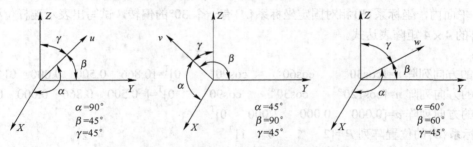

图 3-3　用不同方向角描述的方向矢量

解：

矢量 u：$u = [\cos\alpha \quad \cos\beta \quad \cos\gamma \quad 0]^T = [0.0 \quad 0.7071 \quad 0.7071 \quad 0]^T$

矢量 v：$v = [\cos\alpha \quad \cos\beta \quad \cos\gamma \quad 0]^T = [0.7071 \quad 0.0 \quad 0.7071 \quad 0]^T$

矢量 w：$w = [\cos\alpha \quad \cos\beta \quad \cos\gamma \quad 0]^T = [0.5 \quad 0.5 \quad 0.7071 \quad 0]^T$

4．动坐标系位姿的描述

在机器人坐标系中，运动时相对于连杆不动的坐标系称为静坐标系，简称静系；跟随连杆运动的坐标系称为动坐标系，简称为动系。动系位置与姿态的描述称为动系的位姿表示，是对动系原点位置及各坐标轴方向的描述，现以下述实例进行说明。

（1）连杆的位姿表示

机器人的每一个连杆均可视为一个刚体，若给定了刚体上某一点的位置和该刚体在空间的姿态，则这个刚体在空间上是唯一确定的，可用唯一一个位姿矩阵进行描述。

设有一个机器人的连杆，若给定了连杆 PQ 上某点的位置和该连杆在空间的姿态，则称该连杆在空间是完全确定的。

如图 3-4 所示，O' 为连杆上任一点，$O'X'Y'Z'$ 为与连杆固接的一个动坐标系，即为动系。连杆 PQ 在固定坐标系 $OXYZ$ 中的位置可用一齐次坐标表示为

$$P = [X_0 \quad Y_0 \quad Z_0 \quad 1]^T$$

连杆的姿态可由动系的坐标轴方向来表示。令 n、o、a 分别为 X'、Y'、Z' 坐标轴的单位矢量，各单位方向矢量在静系上的分量为动系各坐标轴的方向余弦，以齐次坐标形式分别表示为

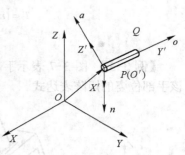

图 3-4　连杆的位姿表示

$$n = \begin{bmatrix} n_x & n_y & n_z & 0 \end{bmatrix}^T$$

$$o = \begin{bmatrix} o_x & o_y & o_z & 0 \end{bmatrix}^T$$

$$a = \begin{bmatrix} a_x & a_y & a_z & 0 \end{bmatrix}^T$$

由此可知，连杆的位姿可用下述齐次矩阵表示为

$$d = [n \quad o \quad a \quad P] = \begin{bmatrix} n_x & o_x & a_x & X_0 \\ n_y & o_y & a_y & Y_0 \\ n_z & o_z & a_z & Z_0 \\ 0 & 0 & 0 & 1 \end{bmatrix} \tag{3-4}$$

【例 3-2】 图 3-5 中表示固连于连杆的坐标系 $\{B\}$ 位于 O_B 点，$X_B=2$，$Y_B=1$，$Z_B=0$。在 XOY 平面内，坐标系 $\{B\}$ 相对固定坐标系 $\{A\}$ 有一个 30°的偏转，试写出表示连杆位姿的坐标系 $\{B\}$ 的 4×4 矩阵表达式。

解：

X_B 的方向列阵 $n=[\cos30°\quad\cos60°\quad\cos90°\quad0]^T=[0.866\quad0.500\quad0.000\quad0]^T$

Y_B 的方向列阵 $n=[\cos120°\quad\cos30°\quad\cos90°\quad0]^T=[-0.500\quad0.866\quad0.000\quad0]^T$

Z_B 的方向列阵 $a=[0.000\quad0.000\quad1.000\quad0]^T$

坐标系 $\{B\}$ 的位置阵列 $P=[2\quad1\quad0\quad1]^T$

则动坐标系 $\{B\}$ 的 4×4 矩阵表达式为

$$T=\begin{bmatrix}0.866 & -0.500 & 0.000 & 2.0\\0.500 & 0.866 & 0.000 & 1.0\\0.000 & 0.000 & 1.000 & 0.0\\0 & 0 & 0 & 1\end{bmatrix}$$

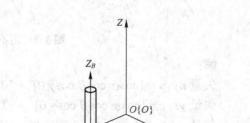

图 3-5　动坐标系 $\{B\}$ 的位姿表示

（2）手部的位姿表示

机器人手部的位置和姿态也可以用固连于手部的坐标系 $\{B\}$ 的位姿来表示，如图 3-6 所示。坐标系 $\{B\}$ 可以这样来确定：取手部的中心点为原点 O_B；关节轴为 Z_B 轴，Z_B 轴的单位方向矢量 a 称为接近矢量，指向朝外；两手指的连线为 Y_B 轴，Y_B 轴的单位方向矢量 o 称为姿态矢量，指向可任意选定；X_B 轴与 Y_B 轴及 Z_B 轴垂直，X_B 轴的单位方向矢量 n 称为法向矢量，且 $n=o\times a$，指向符合右手法则。

手部的位置矢量为固定参考系原点指向手部坐标系 $\{B\}$ 原点的矢量 P，手部的方向矢量为 n、o、a。于是手部的位姿可用 4×4 矩阵表示为

$$T=\begin{bmatrix}n & o & a & P\end{bmatrix}=\begin{bmatrix}n_X & o_X & a_X & P_X\\n_Y & o_Y & a_Y & P_Y\\n_Z & o_Z & a_Z & P_Z\\0 & 0 & 0 & 1\end{bmatrix}\qquad(3-5)$$

【例 3-3】 图 3-7 表示手部抓握物体 Q，物体是边长为 2 个单位的正立方体，写出表达该手部位姿的矩阵表达式。

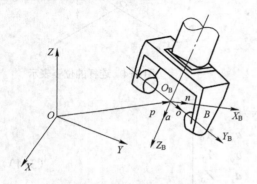

图 3-6　手部的位姿表示图

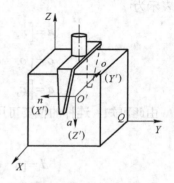

图 3-7　抓握物体 Q 的手部

解： 因为物体 Q 形心与手部坐标系 $O'X'Y'Z'$ 的坐标原点 O' 相重合，则手部位置的 4×1 列阵为

$$P = [1 \quad 1 \quad 1 \quad 1]^{\mathrm{T}}$$

手部坐标系 X' 轴的方向可用单位矢量 n 来表示

$$n: \alpha = 90°, \quad \beta = 180°, \quad \gamma = 90°$$

$$n_X = \cos\alpha = 0, \quad n_Y = \cos\beta = -1, \quad n_Z = \cos\gamma = 0$$

同理，手部坐标系 Y' 轴与 Z' 轴的方向可分别用单位矢量 o 和 a 来表示

$$o: o_X = -1, \quad o_Y = 0, \quad o_Z = 0$$

$$a: a_X = 0, \quad a_Y = 0, \quad a_Z = -1$$

根据式（3-5）可知，手部位姿可用矩阵表示为

$$T = [n \quad o \quad a \quad P] = \begin{bmatrix} 0 & -1 & 0 & 1 \\ -1 & 0 & 0 & 1 \\ 0 & 0 & -1 & 1 \\ 0 & 0 & 0 & 1 \end{bmatrix}$$

（3）目标物位姿的描述

设有一楔块 Q 如图 3-8 所示，坐标系 $OXYZ$ 为固定坐标系，坐标系 $O'X'Y'Z'$ 为与楔块 Q 固连的动坐标系。在图 3-8a 情况下，动坐标系 $O'X'Y'Z'$ 与固定坐标系 $OXYZ$ 重合。楔块 Q 的位置和姿态可用 6 个点的齐次坐标来描述，其矩阵表达式为

$$Q = \begin{bmatrix} A & B & C & D & E & F \\ 1 & -1 & -1 & 1 & 1 & -1 \\ 0 & 0 & 0 & 0 & 4 & 4 \\ 0 & 0 & 2 & 2 & 0 & 0 \\ 1 & 1 & 1 & 1 & 1 & 1 \end{bmatrix}$$

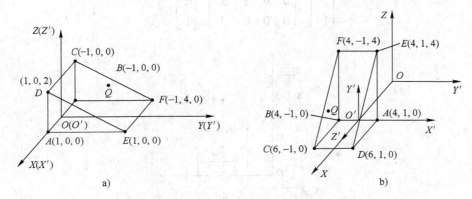

图 3-8　物体的齐次矩表示

若让楔块 Q 先绕 Z 轴旋转 90°，再绕 Y 轴旋转 90°，最后沿 X 轴方向平移 4，则楔块成为图 3-8b 的情况。此时楔块用新的 6 个点的齐次坐标来描述它的位置和姿态，其矩阵表达式为

$$Q = \begin{bmatrix} A & B & C & D & E & F \\ 4 & 4 & 6 & 6 & 4 & 4 \\ 1 & -1 & -1 & 1 & 1 & -1 \\ 0 & 0 & 0 & 0 & 4 & 4 \\ 1 & 1 & 1 & 1 & 1 & 1 \end{bmatrix}$$

3.1.2 齐次变换和运算

受机械结构和运动副的限制，在工业机器人中，被视为刚体的连杆的运动一般包括平移运动、旋转运动和平移加旋转运动。我们把每次简单的运动用一个变换矩阵来表示，那么，多次运动即可用多个变换矩阵的积来表示，表示这个积的矩阵称为齐次变换矩阵。这样，用连杆的初始位姿矩阵乘以齐次变换矩阵，即可得到经过多次变换后该连杆的最终位姿矩阵。通过多个连杆位姿的传递，可以得到机器人末端执行器的位姿，即进行机器人正运动学的讨论。

1．平移的齐次变换

如图 3-9 所示为空间某一点在直角坐标系中的平移，由 $A(x, y, z)$ 平移至 $A'(x', y', z')$，即

$$\left. \begin{array}{l} x' = x + \Delta x \\ y' = y + \Delta y \\ z' = z + \Delta z \end{array} \right\}$$

或写成

$$\begin{bmatrix} x' \\ y' \\ z' \\ 1 \end{bmatrix} = \begin{bmatrix} 1 & 0 & 0 & \Delta x \\ 0 & 1 & 0 & \Delta y \\ 0 & 0 & 1 & \Delta z \\ 0 & 0 & 0 & 1 \end{bmatrix} \begin{bmatrix} x \\ y \\ z \\ 1 \end{bmatrix} \tag{3-6}$$

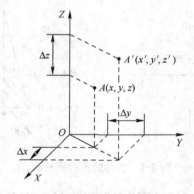

图 3-9　点的平移变换

记为：$a' = \mathrm{Trans}(\Delta x, \Delta y, \Delta z)a$

其中，$\mathrm{Trans}(\Delta x, \Delta y, \Delta z)$ 称为平移算子，Δx、Δy、Δz 分别表示沿 X、Y、Z 轴的移动量。即

$$\text{Trans}(\Delta x, \Delta y, \Delta z) = \begin{bmatrix} 1 & 0 & 0 & \Delta x \\ 0 & 1 & 0 & \Delta y \\ 0 & 0 & 1 & \Delta z \\ 0 & 0 & 0 & 1 \end{bmatrix} \tag{3-7}$$

其中，第四列元素Δx，Δy，Δz分别表示沿坐标轴X，Y，Z的移动量。

【例3-4】 图3-10中有下面三种情况：1）动坐标系$\{A\}$相对于固定坐标系做(-1，2，2)平移后到$\{A'\}$；2）动坐标系$\{A\}$相对于自身坐标系（即动坐标系）做(-1，2，2)平移后到$\{A''\}$；3）物体Q相对于固定坐标系做(2，6，0)平移后到Q'。已知

$$A = \begin{bmatrix} 0 & -1 & 0 & 1 \\ -1 & 0 & 0 & 1 \\ 0 & 0 & -1 & 1 \\ 0 & 0 & 0 & 1 \end{bmatrix} \quad Q = \begin{bmatrix} 1 & -1 & -1 & 1 & 1 & -1 \\ 0 & 0 & 0 & 0 & 3 & 3 \\ 0 & 0 & 1 & 1 & 0 & 0 \\ 1 & 1 & 1 & 1 & 1 & 1 \end{bmatrix}$$

试计算出坐标系$\{A'\}$、$\{A''\}$以及物体Q'的矩阵表达式。

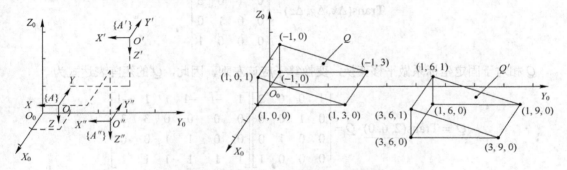

图3-10　坐标系及物体的平移变换

解： 动坐标系$\{A\}$的两个平移坐标变换算子均为

$$\text{Trans}(\Delta x, \Delta y, \Delta z) = \begin{bmatrix} 1 & 0 & 0 & -1 \\ 0 & 1 & 0 & 2 \\ 0 & 0 & 1 & 2 \\ 0 & 0 & 0 & 1 \end{bmatrix}$$

$\{A'\}$坐标系是动坐标系$\{A\}$相对于固定坐标系作平移变换得来的，变换算子应该左乘，因此，$\{A'\}$的矩阵表达式为

$$A' = \underline{\text{Trans}(-1, 2, 2)} \cdot A = \begin{bmatrix} 1 & 0 & 0 & -1 \\ 0 & 1 & 0 & 2 \\ 0 & 0 & 1 & 2 \\ 0 & 0 & 0 & 1 \end{bmatrix}\begin{bmatrix} 0 & -1 & 0 & 1 \\ -1 & 0 & 0 & 1 \\ 0 & 0 & -1 & 1 \\ 0 & 0 & 0 & 1 \end{bmatrix} = \begin{bmatrix} 0 & -1 & 0 & 0 \\ -1 & 0 & 0 & 3 \\ 0 & 0 & -1 & 3 \\ 0 & 0 & 0 & 1 \end{bmatrix}$$

从这个(4×4)的矩阵可以看出，O'在$O_0X_0Y_0Z_0$坐标系中的坐标为(0，3，3)。

$\{A''\}$坐标系是动坐标系$\{A\}$相对于自身（动坐标系）作平移变换得来的，变换算子应该右乘，因此，$\{A''\}$的矩阵表达式为

$$A'' = A \cdot \mathrm{Trans}(-1, 2, 2) = \begin{bmatrix} 0 & -1 & 0 & 1 \\ -1 & 0 & 0 & 1 \\ 0 & 0 & -1 & 1 \\ 0 & 0 & 0 & 1 \end{bmatrix} \begin{bmatrix} 1 & 0 & 0 & -1 \\ 0 & 1 & 0 & 2 \\ 0 & 0 & 1 & 2 \\ 0 & 0 & 0 & 1 \end{bmatrix}$$

$$= \begin{bmatrix} 0 & -1 & 0 & -1 \\ -1 & 0 & 0 & 2 \\ 0 & 0 & -1 & -1 \\ 0 & 0 & 0 & 1 \end{bmatrix}$$

从这个(4×4)的矩阵可以看出，O''在$O_0X_0Y_0Z_0$坐标系中的坐标为$(-1，2，-1)$。

物体Q的平移坐标变换算子为

$$\mathrm{Trans}(\Delta x, \Delta y, \Delta z) = \begin{bmatrix} 1 & 0 & 0 & 2 \\ 0 & 1 & 0 & 6 \\ 0 & 0 & 1 & 0 \\ 0 & 0 & 0 & 1 \end{bmatrix}$$

Q相对于固定坐标系做平移变换，变换算子应该左乘，因此，Q'的矩阵表达式为

$$Q' = \mathrm{Trans}(2, 6, 0) \cdot Q = \begin{bmatrix} 1 & 0 & 0 & 2 \\ 0 & 1 & 0 & 6 \\ 0 & 0 & 1 & 0 \\ 0 & 0 & 0 & 1 \end{bmatrix} \begin{bmatrix} 1 & -1 & -1 & 1 & 1 & -1 \\ 0 & 0 & 0 & 0 & 3 & 3 \\ 0 & 0 & 1 & 1 & 0 & 0 \\ 1 & 1 & 1 & 1 & 1 & 1 \end{bmatrix}$$

$$= \begin{bmatrix} 3 & 1 & 1 & 3 & 3 & 1 \\ 6 & 6 & 6 & 6 & 9 & 9 \\ 0 & 0 & 1 & 1 & 0 & 0 \\ 1 & 1 & 1 & 1 & 1 & 1 \end{bmatrix}$$

经过平移变换后，坐标系$\{A'\}$、$\{A''\}$以及物体Q的实际情况已图解在图3-10中了。

可以根据所做的移动，从图中分析出O'在$O_0X_0Y_0Z_0$坐标系中的坐标。因为坐标系$\{A\}$的原点为$(1，1，1)$，当它沿X_0轴反向移动1个单位后变为$(1-1，1，1)$，再沿Y_0轴正向移动2个单位后变为$(0，1+2，1)$，最后再沿Z_0轴正向移动2个单位后就变为$(0，3，1+2)$，即$(0，3，3)$。可见，上面计算的结果与此相符。

可以根据所做的移动，从图中分析出O''在$O_0X_0Y_0Z_0$坐标系中的坐标。因为坐标系$\{A\}$的原点为$(1，1，1)$，当它沿X轴反向（即沿Y_0轴正向）移动1个单位后变为$(1，1+1，1)$，再沿Y轴正向（即沿X_0轴反向）移动2个单位后变为$(1-2，2，1)$，最后再沿Z轴正向（即沿Z_0轴反向）移动2个单位后就变为$(-1，2，1-2)$，即$(-1，2，-1)$。可见，上面计算的结果与此相符。

2. 旋转的齐次变换

如图 3-11 所示，空间某一点 A，坐标为 $(x，y，z)$，当它绕 Z 轴旋转 θ 角后至 A' 点，坐标为 $(x'，y'，z')$。A' 点和 A 点的坐标关系为

$$\begin{cases} x' = \cos\theta \cdot x - \sin\theta \cdot y \\ y' = \sin\theta \cdot x + \cos\theta \cdot y \\ z' = z \end{cases} \tag{3-8}$$

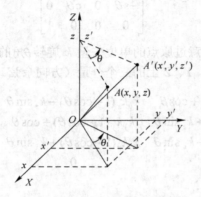

图 3-11 点的旋转变换

用矩阵表示为

$$\begin{bmatrix} x' \\ y' \\ z' \end{bmatrix} = \begin{bmatrix} \cos\theta & -\sin\theta & 0 \\ \sin\theta & \cos\theta & 0 \\ 0 & 0 & 1 \end{bmatrix} \begin{bmatrix} x \\ y \\ z \end{bmatrix}$$

A' 点和 A 点的齐次坐标分别为 $[x'\,y'\,z'\,1]^{\mathrm{T}}$ 和 $[x\,y\,z\,1]^{\mathrm{T}}$，因此 A 点的旋转齐次变换过程为

$$\begin{bmatrix} x' \\ y' \\ z' \\ 1 \end{bmatrix} = \begin{bmatrix} \cos\theta & -\sin\theta & 0 & 0 \\ \sin\theta & \cos\theta & 0 & 0 \\ 0 & 0 & 1 & 0 \\ 0 & 0 & 0 & 1 \end{bmatrix} \begin{bmatrix} x \\ y \\ z \\ 1 \end{bmatrix} \tag{3-9}$$

也可简写为

$$a' = \mathrm{Rot}(z，\theta) \cdot a \tag{3-10}$$

式中，$\mathrm{Rot}(z，\theta)$ 表示齐次坐标变换时绕 Z 轴的旋转算子，算子的内容为

$$\mathrm{Rot}(z, \theta) = \begin{bmatrix} c\theta & -s\theta & 0 & 0 \\ s\theta & c\theta & 0 & 0 \\ 0 & 0 & 1 & 0 \\ 0 & 0 & 0 & 1 \end{bmatrix} \tag{3-11}$$

式中，$c\theta = \cos\theta$；$s\theta = \sin\theta$。

同理，可写出绕 X 轴的旋转算子和绕 Y 轴的旋转算子，其内容为

$$\text{Rot}(x,\theta)=\begin{bmatrix}1&0&0&0\\0&\text{c}\theta&-\text{s}\theta&0\\0&\text{s}\theta&\text{c}\theta&0\\0&0&0&1\end{bmatrix} \tag{3-12}$$

$$\text{Rot}(y,\theta)=\begin{bmatrix}\text{c}\theta&0&\text{s}\theta&0\\0&1&0&0\\-\text{s}\theta&0&\text{c}\theta&0\\0&0&0&1\end{bmatrix} \tag{3-13}$$

图 3-12 所示为点 A 绕任意过原点的单位矢量 k 旋转θ角的情况。k_x，k_y，k_z 分别为单位矢量 k 在固定坐标系坐标轴 X、Y、Z 上的三个分量（方向余弦），且 $k_x^2+k_y^2+k_z^2=1$。

$$\text{Rot}(k,\theta)=\begin{bmatrix}k_xk_x(1-\cos\theta)+\cos\theta & k_yk_x(1-\cos\theta)-k_z\sin\theta & k_zk_x(1-\cos\theta)+k_y\sin\theta & 0\\ k_xk_y(1-\cos\theta)+k_z\sin\theta & k_yk_y(1-\cos\theta)+\cos\theta & k_zk_y(1-\cos\theta)-k_x\sin\theta & 0\\ k_xk_z(1-\cos\theta)-k_y\sin\theta & k_yk_z(1-\cos\theta)+k_x\sin\theta & k_zk_z(1-\cos\theta)+\cos\theta & 0\\ 0 & 0 & 0 & 1\end{bmatrix}$$
$$\tag{3-14}$$

式中，$\text{vers}\theta=(1-\cos\theta)$。

式（3-14）称为一般旋转齐次变换的通式，绕 X 轴、Y 轴、Z 轴进行的旋转齐次变换是其特殊情况。

若给出某个旋转齐次变换矩阵

$$R=\begin{bmatrix}n_x&o_x&a_x&0\\n_y&o_y&a_y&0\\n_z&o_z&a_z&0\\0&0&0&1\end{bmatrix}$$

则可根据式（3-14）求出其等效转轴的单位矢量 k 及等效转角θ，计算公式为

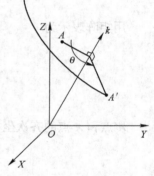

图 3-12 一般旋转变换

$$\begin{cases}\sin\theta=\pm\dfrac{1}{2}\sqrt{(o_z-a_y)^2+(a_x-n_z)^2+(n_y-o_x)^2}\\[2mm]\tan\theta=\pm\dfrac{\sqrt{(o_z-a_y)^2+(a_x-n_z)^2+(n_y-o_x)^2}}{n_x+o_y+a_z-1}\\[2mm]k_x=\dfrac{o_z-a_y}{2\sin\theta}\\[2mm]k_y=\dfrac{a_x-n_z}{2\sin\theta}\\[2mm]k_z=\dfrac{n_y-o_x}{2\sin\theta}\end{cases} \tag{3-15}$$

式中，当 θ 取 0° 到 180° 之间的值时，式中的符号取+号。

当转角 θ 很小时，公式（3-15）很难确定转轴。当 θ 接近 0° 或 180° 时，转轴完全不确定。

与平移变换一样，旋转变换算子公式（3-11）、（3-12）、（3-13）以及一般旋转变换算子公式（3-14），不仅适用于点的旋转变换，而且也适用于矢量、坐标系、物体等的旋转变换。若相对固定坐标系进行变换，则算子左乘；若相对动坐标系进行变换，则算子右乘。

【例 3-5】 已知坐标系中点 U 的位置矢量 $u = [7\ 3\ 2\ 1]^T$，将此点绕 Z 轴旋转 90°，再绕 Y 轴旋转 90°，如图 3-13 所示，求旋转变换后所得的点 W。

解：

$$W = \underset{2}{\underline{\text{Rot}(y, 90°)}} \cdot \underset{1}{\underline{\text{Rot}(z, 90°)}} \cdot U = \begin{bmatrix} 0 & 0 & 1 & 0 \\ 0 & 1 & 0 & 0 \\ -1 & 0 & 0 & 0 \\ 0 & 0 & 0 & 1 \end{bmatrix} \begin{bmatrix} 0 & -1 & 0 & 0 \\ 1 & 0 & 0 & 0 \\ 0 & 0 & 1 & 0 \\ 0 & 0 & 0 & 1 \end{bmatrix} \begin{bmatrix} 7 \\ 3 \\ 2 \\ 1 \end{bmatrix}$$

$$= \begin{bmatrix} 0 & 0 & 1 & 0 \\ 1 & 0 & 0 & 0 \\ 0 & 1 & 0 & 0 \\ 0 & 0 & 0 & 1 \end{bmatrix} \begin{bmatrix} 7 \\ 3 \\ 2 \\ 1 \end{bmatrix} = \begin{bmatrix} 2 \\ 7 \\ 3 \\ 1 \end{bmatrix}$$

【例 3-6】 如图 3-13 所示单臂操作手，手腕也具有一个自由度。已知手部起始位姿矩阵为

$$G_1 = \begin{bmatrix} 0 & 1 & 0 & 2 \\ 1 & 0 & 0 & 6 \\ 0 & 0 & -1 & 2 \\ 0 & 0 & 0 & 1 \end{bmatrix}$$

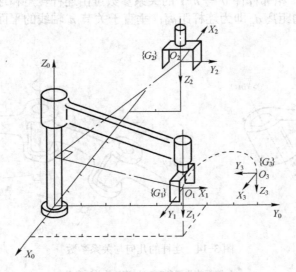

图 3-13 手臂转动和手腕转动

若手臂绕 Z_0 轴旋转 90°，则手部到达 G_2；若手臂不动，仅手部绕手腕 Z_1 轴旋转 90°，则手部到达 G_3。写出手部坐标系 $\{G_2\}$ 及 $\{G_3\}$ 的矩阵表达式。

解：手臂绕 Z_0 轴转动是相对固定坐标系作旋转变换，所以，算子应该左乘，即

$$G_2 = \underline{\mathrm{Rot}(z, 90^\circ)} \cdot G_1 = \begin{bmatrix} 0 & -1 & 0 & 0 \\ 1 & 0 & 0 & 0 \\ 0 & 0 & 1 & 0 \\ 0 & 0 & 0 & 1 \end{bmatrix} \begin{bmatrix} 0 & 1 & 0 & 2 \\ 1 & 0 & 0 & 6 \\ 0 & 0 & -1 & 2 \\ 0 & 0 & 0 & 1 \end{bmatrix} = \begin{bmatrix} -1 & 0 & 0 & -6 \\ 0 & 1 & 0 & 2 \\ 0 & 0 & -1 & 2 \\ 0 & 0 & 0 & 1 \end{bmatrix}$$

手部绕手腕 Z_1 轴旋转是相对动坐标系作旋转变换，所以，算子应该右乘，即

$$G_3 = G_1 \cdot \underline{\mathrm{Rot}(z, 90^\circ)} = \begin{bmatrix} 0 & 1 & 0 & 2 \\ 1 & 0 & 0 & 6 \\ 0 & 0 & -1 & 2 \\ 0 & 0 & 0 & 1 \end{bmatrix} \begin{bmatrix} 0 & -1 & 0 & 0 \\ 1 & 0 & 0 & 0 \\ 0 & 0 & 1 & 0 \\ 0 & 0 & 0 & 1 \end{bmatrix} = \begin{bmatrix} 1 & 0 & 0 & 2 \\ 0 & -1 & 0 & 6 \\ 0 & 0 & -1 & 2 \\ 0 & 0 & 0 & 1 \end{bmatrix}$$

3.1.3　工业机器人的连杆参数及其坐标变换

机器人运动学的重点是研究手部的位姿和运动，而手部位姿是与机器人各杆件的尺寸、运动副类型及杆件的相互关系直接相关联的，因此在研究手部相对于机座的几何关系时，首先必须分析两相邻杆件的相互关系，即建立杆件坐标系。

1. 连杆参数及连杆坐标系的建立

以机器人手臂的某一连杆为例。如图 3-14a 所示，连杆 n 两端有关节 n 和 $n+1$。描述该连杆可以通过两个几何参数：连杆长度和扭角。由于连杆两端的关节分别有其各自的关节轴线，通常情况下这两条轴线是空间异面直线，那么这两条异面直线的公垂线段的长 a_n 即为连杆长度，这两条异面直线间的夹角 α_n 即为连杆扭角。

如图 3-14b 所示，相邻杆件 n 与 $n-1$ 的关系参数可由连杆转角和连杆距离描述。沿关节 n 轴线两个公垂线间的距离 d_n 即为连杆距离；垂直于关节 n 轴线的平面内两个公垂线的夹角 θ_n 即为连杆转角。

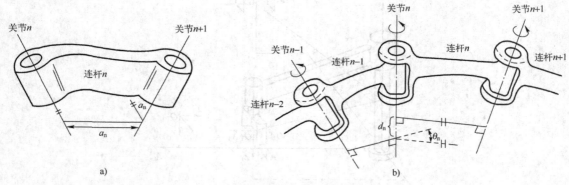

图 3-14　连杆的几何与关系参数

a) 连杆的几何参数　b) 连杆的关系参数

再考虑连杆 n 与相邻连杆 $n-1$ 的关系，若它们通过关节相连，如图 3-14b 所示。其相对位置可用两个参数 d_n 和 θ_n 来确定，其中 d_n 是沿关节 n 轴线两个公垂线的距离，θ_n 是垂直于关节 n 轴线的平面内两个公垂线的夹角，这是表达相邻杆件关系的两个参数。这样，每个连杆可以由四个参数所描述：两个描述连杆尺寸，另外两个描述连杆与相邻杆件的连接关系。对于旋转关节，θ_n 是关节变量，其他三个参数固定不变，对于移动关节，d_n 是关节变量，其他三个参数固定不变。这种用连杆参数描述机构运动关系的规则称为 Denavit-Harten-berg 参数。

注意：对于运动链中的末端连杆，其连杆长度和连杆扭角习惯设为 0，即 $a_0=a_n=0$， $_n$ = $_0=0$，从关节 2 到关节 n 的连杆偏距 d_i 和关节角 θ_i 是根据前面的规定进行定义。关节 1（或 n）若为转动关节，则 θ_1 的零位可以任意选取，并规定 $d_1=0$，关节 1（或 n）若为移动关节，则 d_1 的零位可以任意选取，并规定 $\theta_1=0$。

建立连杆坐标系的规则如下：

1）连杆 n 坐标系的坐标原点位于 $n+1$ 关节轴线上，是关节 $n+1$ 的关节轴线与 n 和 $n+1$ 关节轴线公垂线的交点。

2）Z 轴与 $n+1$ 关节轴线重合。

3）X 轴与公垂线重合；从 n 指向 $n+1$ 关节。

4）Y 轴按右手螺旋法则确定。

连杆参数与坐标系的建立如表 3-1 所示。

表 3-1　连杆参数及坐标系

连杆的参数				
名称		含义	正负	性质
转角	θ_n	连杆 n 绕关节 n 的 Z_{n-1} 轴的转角	右手法则	关节转动时为变量
距离	d_n	连杆 n 绕关节 n 的 Z_{n-1} 轴的位移	沿 Z_{n-1} 正向为正	关节移动时为变量
长度	a_n	沿 X_n 方向上连杆 n 的长度	与 X_n 正向一致	尺寸参数，常量
扭角	α_n	连杆 n 两关节轴线之间的扭角	右手法则	尺寸参数，常量

连杆 n 的坐标系 $O_nX_nY_nZ_n$			
原点 O_n	轴 X_n	轴 Y_n	轴 Z_n
位于关节 $n+1$ 轴线与连杆 n 两关节轴线的公垂线的交点处	沿连杆 n 两关节轴线之公垂线，并指向 $n+1$ 关节	根据轴 X_n、Z_n 按右手法则确定	与关节 $n+1$ 轴线重合

2．连杆坐标系之间的变换矩阵

建立了各连杆坐标系后，$n-1$ 系与 n 系之间的变换关系就可以用坐标系的平移、旋转来实现。从 $n-1$ 系到 n 系的变换步骤如下：

1）令 $n-1$ 系绕 Z_{n-1} 轴旋转 θ_n 角，使 X_{n-1} 与 X_n 平行，算子为 $\mathrm{Rot}(z, \theta_n)$。

2）沿 Z_{n-1} 轴平移 d_n，使 X_{n-1} 与 X_n 重合，算子为 $\mathrm{Trans}(0, 0, d_n)$。

3）沿 X_n 轴平移 a_n，使两个坐标系原点重合，算子为 $\mathrm{Trans}(a_n, 0, 0)$。

4）绕 X_n 轴旋转 α_n 角，使得 $n-1$ 系与 n 系重合，算子为 $\mathrm{Rot}(x, \alpha_n)$。

该变换过程用一个总的变换矩阵 A_n 来综合表示上述四次变换时应注意到坐标系在每次旋转或平移后发生了变动，后一次变换都是相对于动系进行的，因此在运算中变换算子应该右乘。于是连杆 n 的齐次变换矩阵为

$$A_n = \text{Rot}(z, \theta_n)\text{Trans}(0, 0, d_n)\text{Trans}(a_n, 0, 0)\text{Rot}(x, \alpha_n)$$

$$= \begin{bmatrix} c\theta_n & -s\theta_n & 0 & 0 \\ s\theta_n & c\theta_n & 0 & 0 \\ 0 & 0 & 1 & 0 \\ 0 & 0 & 0 & 1 \end{bmatrix} \begin{bmatrix} 1 & 0 & 0 & a_n \\ 0 & 1 & 0 & 0 \\ 0 & 0 & 1 & d_n \\ 0 & 0 & 0 & 1 \end{bmatrix} \begin{bmatrix} 1 & 0 & 0 & 0 \\ 0 & c\alpha_n & -s\alpha_n & 0 \\ 0 & s\alpha_n & c\alpha_n & 0 \\ 0 & 0 & 0 & 1 \end{bmatrix}$$

$$(3\text{-}16a)$$

$$= \begin{bmatrix} c\theta_n & -s\theta_n c\alpha_n & s\theta_n s\alpha_n & a_n c\theta_n \\ s\theta_n & c\theta_n c\alpha_n & -c\theta_n s\alpha_n & a_n s\theta_n \\ 0 & s\alpha_n & c\alpha_n & d_n \\ 0 & 0 & 0 & 1 \end{bmatrix}$$

实际上，很多机器人在设计时，常常使某些连杆参数取得特别值，如使 $\alpha_n = 0$ 或90°，$d_n = 0$ 或 $a_n = 0$，从而可以简化变换矩阵 A_n 的计算，同时也可简化控制。

3.1.4 工业机器人的正运动学方程

1. 机器人运动学方程

我们将为机器人的每一个连杆建立一个坐标系，并用齐次变换来描述这些坐标系间的相对关系，也叫相对位姿。通常把描述一个连杆坐标系与下一个连杆坐标系间的相对关系的变换矩阵叫做 A_i 变换矩阵。A_i 能描述连杆坐标系之间相对平移和旋转的齐次变换。

A_1 描述第一个连杆对于机身的位姿，A_2 描述第二个连杆坐标系相对于第一个连杆坐标系的位姿。如果已知一点在最末一个坐标系（如 n 坐标系）的坐标，要把它表示成前一个坐标系（如 $n{-}1$）的坐标，那么齐次坐标变换矩阵为 A_n。依此类推，可知此点到基础坐标系的齐次坐标变换矩阵为

$$A_1 A_2 A_3 \cdots A_{n-1} A_n$$

若有一个六连杆机器人，机器人末端执行器坐标系（即连杆坐标系 6）的坐标相对于连杆 $i{-}1$ 坐标系的齐次变换矩阵，用 $^{i-1}T_6$ 表示，即

$$^{i-1}T_6 = A_i A_{i+1} \cdots A_6$$

机器人末端执行器相对于机身坐标系的齐次变换矩阵为

$$^{0}T_6 = A_1 A_2 \cdots A_6$$

式中，$^{0}T_6$ 常写成 T_6。

该矩阵前三列表示手部的姿态；第四列表示手部中心点的位置。可写成如下形式

$$T = \begin{bmatrix} n & o & a & P \end{bmatrix} = \begin{bmatrix} n_X & o_X & a_X & P_X \\ n_Y & o_Y & a_Y & P_Y \\ n_Z & o_Z & a_Z & P_Z \\ 0 & 0 & 0 & 1 \end{bmatrix} \qquad (3\text{-}16b)$$

2．正向运动学及实例

（1）平面关节型工业机器人的运动学方程

图 3-15a 所示为具有一个肩关节、一个肘关节和一个腕关节的三自由度 SCARA 型工业机器人。考虑到关节轴线相互平行，并且连杆都在一个平面内的特点，将固定坐标系{0}和连杆 1、连杆 2、连杆 3 的坐标系{1}、{2}、{3}分别建立在关节 1、关节 2、关节 3 和手部的中心，如图 3-15a 所示。坐标系{3}就是手部坐标系。连杆参数中 θ 为变量，d、l、α 均为常量。建立了连杆坐标系之后，即可列出该工业机器人的连杆参数如表 3-2 所示。

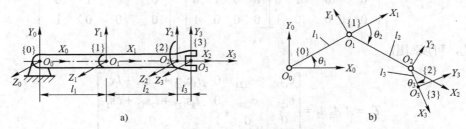

图 3-15　SCARA 型机器人的坐标系

表 3-2　工业机器人的连杆参数

连　杆	转角 θ	两连杆之间距离 d	连杆长度 l	连杆扭角 α
连杆 1	θ_1	$d_1 = 0$	$l_1 = 100$	$\alpha_1 = 0$
连杆 2	θ_2	$d_2 = 0$	$l_2 = 100$	$\alpha_2 = 0$
连杆 3	θ_3	$d_3 = 0$	$l_3 = 20$	$\alpha_3 = 0$

该 SCARA 型工业机器人的运动学方程为

$$T_3 = A_1 A_2 A_3$$

式中，A_i（$i=1$，2，3）表示坐标系{i}相对于坐标系{$i-1$}的齐次变换矩阵。

把表 3-2 中每一行的参数代入式（3-16a）中，即可得出齐次变换矩阵 A_1、A_2 和 A_3。因为该 SCARA 型工业机器人的各连杆之间的关系比较简单，可以参考图 3-15b 直接写出矩阵 A_1、A_2 和 A_3。我们以 A_1 为例说明其计算方法。{1}系的运动过程是：先沿 X_0 移动 l_1，再绕 Z_0 转动 θ_1，因为转动是相对固定坐标系进行的，所以，$\mathrm{Rot}(z, \theta_1)$ 应该左乘 $\mathrm{Trans}(l_1, 0, 0)$。因此，$A_1$、$A_2$ 和 A_3 分别为

$$A_1 = \mathrm{Rot}(z, \theta_1)\ \mathrm{Trans}(l_1, 0, 0)$$
$$A_2 = \mathrm{Rot}(z, \theta_2)\ \mathrm{Trans}(l_2, 0, 0)$$
$$A_3 = \mathrm{Rot}(z, \theta_3)\ \mathrm{Trans}(l_3, 0, 0)$$

即

$$A_1 = \begin{bmatrix} c\theta_1 & -s\theta_1 & 0 & 0 \\ s\theta_1 & c\theta_1 & 0 & 0 \\ 0 & 0 & 1 & 0 \\ 0 & 0 & 0 & 1 \end{bmatrix} \begin{bmatrix} 1 & 0 & 0 & l_1 \\ 0 & 1 & 0 & 0 \\ 0 & 0 & 1 & 0 \\ 0 & 0 & 0 & 1 \end{bmatrix} = \begin{bmatrix} c\theta_1 & -s\theta_1 & 0 & l_1 c\theta_1 \\ s\theta_1 & c\theta_1 & 0 & l_1 s\theta_1 \\ 0 & 0 & 1 & 0 \\ 0 & 0 & 0 & 1 \end{bmatrix}$$

$$A_2 = \begin{bmatrix} c\theta_2 & -s\theta_2 & 0 & 0 \\ s\theta_2 & c\theta_2 & 0 & 0 \\ 0 & 0 & 1 & 0 \\ 0 & 0 & 0 & 1 \end{bmatrix} \begin{bmatrix} 1 & 0 & 0 & l_2 \\ 0 & 1 & 0 & 0 \\ 0 & 0 & 1 & 0 \\ 0 & 0 & 0 & 1 \end{bmatrix} = \begin{bmatrix} c\theta_2 & -s\theta_2 & 0 & l_2c\theta_2 \\ s\theta_2 & c\theta_2 & 0 & l_2s\theta_2 \\ 0 & 0 & 1 & 0 \\ 0 & 0 & 0 & 1 \end{bmatrix}$$

$$A_3 = \begin{bmatrix} c\theta_3 & -s\theta_3 & 0 & 0 \\ s\theta_3 & c\theta_3 & 0 & 0 \\ 0 & 0 & 1 & 0 \\ 0 & 0 & 0 & 1 \end{bmatrix} \begin{bmatrix} 1 & 0 & 0 & l_3 \\ 0 & 1 & 0 & 0 \\ 0 & 0 & 1 & 0 \\ 0 & 0 & 0 & 1 \end{bmatrix} = \begin{bmatrix} c\theta_3 & -s\theta_3 & 0 & l_3c\theta_3 \\ s\theta_3 & c\theta_3 & 0 & l_3s\theta_3 \\ 0 & 0 & 1 & 0 \\ 0 & 0 & 0 & 1 \end{bmatrix}$$

因此，可以写出

$$T_3 = A_1A_2A_3 = \begin{bmatrix} c_{123} & -s_{123} & 0 & l_3c_{123} + l_2c_{12} + l_1c_1 \\ s_{123} & c_{123} & 0 & l_3s_{123} + l_2s_{12} + l_1s_1 \\ 0 & 0 & 1 & 0 \\ 0 & 0 & 0 & 1 \end{bmatrix} \tag{3-17}$$

式中，$c_{123} = \cos(\theta_1+\theta_2+\theta_3)$；$s_{123} = \sin(\theta_1+\theta_2+\theta_3)$；$c_{12} = \cos(\theta_1+\theta_2)$；$s_{12} = \sin(\theta_1+\theta_2)$；$c_1 = \cos\theta_1$；$s_1 = \sin\theta_1$。

T_3 表示手部坐标系{3}（即手部）在固定坐标系中的位置和姿态。

式（3-17）即为图 3-15a 所示的平面关节型工业机器人的正向运动学方程。

当 l_1、l_2、l_3 和转角变量 θ_1、θ_2、θ_3 给定时，可以根据式（3-17）算出 T_3 的具体数值。如图 3-15b 所示，设 $l_1 = l_2 = 100$，$l_3 = 20$，$\theta_1 = 30°$，$\theta_2 = -60°$，$\theta_3 = -30°$，则可以根据式（3-17）求出手部的位姿矩阵表达式为

$$T_3 = \begin{bmatrix} 0.5 & 0.866 & 0 & 183.2 \\ -0.866 & 0.5 & 0 & -17.32 \\ 0 & 0 & 1 & 0 \\ 0 & 0 & 0 & 1 \end{bmatrix}$$

（2）斯坦福工业机器人的运动学方程

图 3-16 为斯坦福工业机器人机构简图及各连杆的坐标系。表 3-3 是根据设定的坐标系得出的斯坦福工业机器人各连杆的参数。把表 3-3 中每一行的参数代入式（3-16a）中，即可得出齐次变换矩阵 $A_1 \sim A_6$。

表 3-3　斯坦福工业机器人连杆参数

杆号	关节转角 θ	扭角 α	杆长 l	距离 d
1	θ_1	-90°	0	0
2	θ_2	90°	0	d_2
3	0	0°	0	d_3
4	θ_4	-90°	0	0
5	θ_5	90°	0	0
6	θ_6	0°	0	H

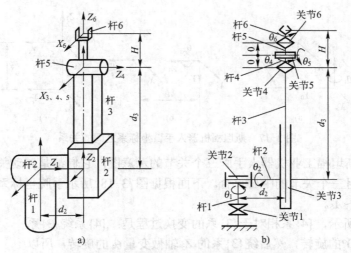

图 3-16　斯坦福机器人机构简图及各连杆坐标系

a) 斯坦福机器人机构简图　b) 斯坦福机器人及连杆坐标系

{1}系与{0}系是旋转关节连接，如图 3-17a 所示。{1}系相对于{0}系的变换过程是：{1}系绕{0}系的 X_0 轴做 $\alpha_1 = -90°$ 的旋转，然后{1}系绕{0}系的 Z_0 做变量 θ_1 的旋转，所以

$$A_1 = \mathrm{Rot}(z, \theta_1)\mathrm{Rot}(x, \alpha_1) = \mathrm{Rot}(z, \theta_1)\mathrm{Rot}(x, -90°)$$

$$= \begin{bmatrix} c\theta_1 & -s\theta_1 & 0 & 0 \\ s\theta_1 & c\theta_1 & 0 & 0 \\ 0 & 0 & 1 & 0 \\ 0 & 0 & 0 & 1 \end{bmatrix} \begin{bmatrix} 1 & 0 & 0 & 0 \\ 0 & 0 & 1 & 0 \\ 0 & -1 & 0 & 0 \\ 0 & 0 & 0 & 1 \end{bmatrix} = \begin{bmatrix} c\theta_1 & 0 & -s\theta_1 & 0 \\ s\theta_1 & 0 & c\theta_1 & 0 \\ 0 & -1 & 0 & 0 \\ 0 & 0 & 0 & 1 \end{bmatrix} \qquad (3-18)$$

{2}系与{1}系是旋转关节连接，连杆距离为 d_2，如图 3-17b 所示。{2}系相对于{1}系的变换过程是：{2}系绕{1}系的 X_1 轴做 $\alpha_2 = 90°$ 的旋转，然后{2}系沿着{1}系的 Z_1 轴正向做 d_2 距离的平移，再绕{1}系的 Z_1 轴做变量 θ_2 的旋转，所以

$$A_2 = \mathrm{Rot}(z, \theta_2)\mathrm{Trans}(0, 0, d_2)\mathrm{Rot}(x, \alpha_2) = \mathrm{Screw}(z, d_2, \theta_2)\mathrm{Rot}(x, 90°)$$

$$= \begin{bmatrix} c\theta_2 & -s\theta_2 & 0 & 0 \\ s\theta_2 & c\theta_2 & 0 & 0 \\ 0 & 0 & 1 & d_2 \\ 0 & 0 & 0 & 1 \end{bmatrix} \begin{bmatrix} 1 & 0 & 0 & 0 \\ 0 & 0 & -1 & 0 \\ 0 & 1 & 0 & 0 \\ 0 & 0 & 0 & 1 \end{bmatrix} = \begin{bmatrix} c\theta_2 & 0 & s\theta_2 & 0 \\ s\theta_2 & 0 & -c\theta_2 & 0 \\ 0 & 1 & 0 & d_2 \\ 0 & 0 & 0 & 1 \end{bmatrix} \qquad (3-19)$$

{3}系与{2}系是移动关节连接，如图 3-17c 所示。坐标系{3}沿着坐标系{2}的 Z_2 轴正向作变量 d_3 的平移。所以

$$A_3 = \mathrm{Trans}(0, 0, d_3) = \begin{bmatrix} 1 & 0 & 0 & 0 \\ 0 & 1 & 0 & 0 \\ 0 & 0 & 1 & d_3 \\ 0 & 0 & 0 & 1 \end{bmatrix} \qquad (3-20)$$

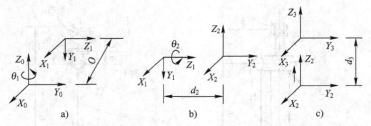

图 3-17 斯坦福机器人手臂坐标系之间的关系

图 3-18 是斯坦福工业机器人手腕三个关节的示意图，它们都是转动关节，关节变量为 θ_4、θ_5 及 θ_6，并且三个关节的中心重合。下面根据图 3-18 所示手腕坐标系之间的关系写出齐次变换矩阵 $A_4 \sim A_6$。

如图 3-19a 所示，{4}系相对于{3}系的变换过程是：{4}系绕{3}系的 X_3 轴做 $\alpha_4 = -90°$ 的旋转，然后绕{3}系的 Z_3 轴做变量 θ_4 的旋转，所以

$$A_4 = \mathrm{Rot}(z, \theta_4)\mathrm{Rot}(x, \alpha_4) = \mathrm{Rot}(z, \theta_4)\mathrm{Rot}(x, -90°)$$

$$= \begin{bmatrix} c\theta_4 & -s\theta_4 & 0 & 0 \\ s\theta_4 & c\theta_4 & 0 & 0 \\ 0 & 0 & 1 & 0 \\ 0 & 0 & 0 & 1 \end{bmatrix} \begin{bmatrix} 1 & 0 & 0 & 0 \\ 0 & 0 & 1 & 0 \\ 0 & -1 & 0 & 0 \\ 0 & 0 & 0 & 1 \end{bmatrix} = \begin{bmatrix} c\theta_4 & 0 & -s\theta_4 & 0 \\ s\theta_4 & 0 & c\theta_4 & 0 \\ 0 & -1 & 0 & 0 \\ 0 & 0 & 0 & 1 \end{bmatrix} \quad (3\text{-}21)$$

如图 3-19b 所示，{5}系相对于{4}系的变换过程是：{5}系绕{4}系的 X_4 轴做 $\alpha_5 = 90°$ 的旋转，然后绕{4}系的 Z_4 轴做变量 θ_5 的旋转，所以

$$A_5 = \mathrm{Rot}(z, \theta_5)\mathrm{Rot}(x, \alpha_5) = \mathrm{Rot}(z, \theta_5)\mathrm{Rot}(x, 90°)$$

$$= \begin{bmatrix} c\theta_5 & -s\theta_5 & 0 & 0 \\ s\theta_5 & c\theta_5 & 0 & 0 \\ 0 & 0 & 1 & 0 \\ 0 & 0 & 0 & 1 \end{bmatrix} \begin{bmatrix} 1 & 0 & 0 & 0 \\ 0 & 0 & -1 & 0 \\ 0 & 1 & 0 & 0 \\ 0 & 0 & 0 & 1 \end{bmatrix} = \begin{bmatrix} c\theta_5 & 0 & s\theta_5 & 0 \\ s\theta_5 & 0 & -c\theta_5 & 0 \\ 0 & -1 & 0 & 0 \\ 0 & 0 & 0 & 1 \end{bmatrix} \quad (3\text{-}22)$$

图 3-18 斯坦福机器人手腕关节

如图 3-19c 所示，{6}系沿着{5}系的 Z_5 轴作距离 H 的平移，并绕{5}系的 Z_5 轴作变量 θ_6 的旋转，所以

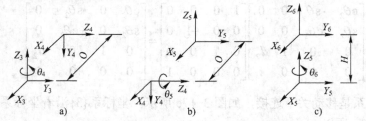

图 3-19 斯坦福机器人手腕坐标系之间的关系

$$A_6 = \mathrm{Screw}(z, H, \theta_6) = \begin{bmatrix} c\theta_6 & -s\theta_6 & 0 & 0 \\ s\theta_6 & c\theta_6 & 0 & 0 \\ 0 & 0 & 1 & H \\ 0 & 0 & 0 & 1 \end{bmatrix} \quad (3\text{-}23)$$

这样，所有杆的 A 矩阵已建立。如果要知道非相邻连杆间的关系，只要用相应的 A 矩阵连乘即可。如

$$^4T_6 = A_5A_6 = \begin{bmatrix} c\theta_5c\theta_6 & -c\theta_5s\theta_6 & s\theta_5 & Hs\theta_5 \\ s\theta_5c\theta_6 & -s\theta_5s\theta_6 & -c\theta_5 & Hc\theta_5 \\ s\theta_6 & c\theta_6 & 1 & 0 \\ 0 & 0 & 0 & 1 \end{bmatrix}$$

同理可得

$$^3T_6 = A_4A_5A_6$$
$$^2T_6 = A_3A_4A_5A_6$$
$$^1T_6 = A_2A_3A_4A_5A_6$$

斯坦福工业机器人运动学方程为

$$^0T_6 = A_1A_2A_3A_4A_5A_6 \tag{3-24}$$

方程（3-24）右边的结果就是最后一个坐标系——手部坐标系{6}相对于固定坐标系{0}的位置和姿态矩阵，各元素均为 θ_i 和 d_i（$i=1,2\ldots6$）的函数。当 θ_i 和 d_i 给出后，可以计算出斯坦福工业机器人手部坐标系{6}的位置 p 和姿态 n、o、a。这就是斯坦福工业机器人手部位姿的解，这个求解过程叫做斯坦福工业机器人运动学正解。

【例 3-7】 斯坦福工业机器人连杆参数如表 3-3 所示。现已知关节变量为：$\theta_1 = 90°$，$\theta_2 = 90°$，$d_3 = 300$mm，$\theta_4 = 90°$，$\theta_5 = 90°$，$\theta_6 = 90°$，并且，已知工业机器人结构参数 $d_2 = 100$mm，$H = 50$mm。根据斯坦福工业机器人运动学方程式进行正向运动学求解，写出手部位置及姿态（即{6}系相对{0}系的齐次变换矩阵）。

解：设图 3-16 是斯坦福工业机器人的零位（起始位置），按本例给出的关节变量进行图解，工业机器人手部及各连杆状态如图 3-20 所示。

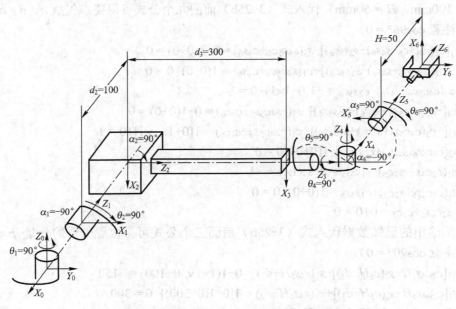

图 3-20 斯坦福机器人手部及各杆件状态

利用公式（3-18）、（3-19）、（3-20）、（3-21）、（3-22）、（3-23）可求得矩阵 A_1、A_2、A_3、A_4、A_5 及 A_6。所以，坐标系{6}的位姿矩阵可根据运动学方程式（3-24）求出

$$T_6 = \begin{bmatrix} n_x & o_x & a_x & p_x \\ n_y & o_y & a_y & p_y \\ n_z & o_z & a_z & p_z \\ 0 & 0 & 0 & 1 \end{bmatrix} = A_1 A_2 A_3 A_4 A_5 A_6 \tag{3-25a}$$

其中有

$$\begin{cases} n_x = c_1[c_2(c_4c_5c_6 - s_4s_6) - s_2s_5c_6] - s_1(s_4c_5c_6 + c_4s_6) \\ n_y = s_1[c_2(c_4c_5c_6 - s_4s_6) - s_2s_5c_6] + c_1(s_4c_5c_6 + c_4s_6) \\ n_z = -s_2(c_4c_5c_6 - s_4s_6) - c_2s_5c_6 \\ o_x = c_1[-c_2(c_4c_5s_6 + s_4c_6) + s_2s_5s_6] - s_1(-s_4c_5c_6 + c_4s_6) \\ o_y = s_1[-c_2(c_4c_5s_6 + s_4c_6) + s_2s_5s_6] + c_1(-s_4c_5c_6 + c_4s_6) \\ o_z = s_2(c_4c_5s_6 - s_4c_6) + c_2s_5s_6 \\ a_x = c_1(c_2c_4s_5 + s_2c_5) - s_1s_4s_5 \\ a_y = s_1(c_2c_4s_5 + s_2c_5) + c_1s_4s_5 \\ a_z = -s_2s_4s_5 + c_2c_5 \\ p_x = c_1[c_2c_4s_5H - s_2(c_5H - d_3)] - s_1(s_4s_5H + d_2) \\ p_y = s_1[c_2c_4s_5H - s_2(c_5H - d_3)] + c_1(s_4s_5H + d_2) \\ p_z = -[c_2c_4s_5H + c_2(c_5H - d_3)] \end{cases} \tag{3-25b}$$

式中，$c_i = \cos\theta_i$，$s_i = \sin\theta_i$，$(i = 1, 2, \cdots, 6)$。

将本例给出的已知数据（$\theta_1 = 90°$，$\theta_2 = 90°$，$d_3 = 300mm$，$\theta_4 = 90°$，$\theta_5 = 90°$，$\theta_6 = 90°$ 以及 $d_2 = 100mm$，$H = 50mm$）代入式（3-25b）前面九个公式可得姿态矢量 n、o、a 的分量分别为（注意 $\cos90° = 0$）

$i_x = c_1[c_2(c_4c_5c_6 - s_4s_6) - s_2s_5c_6] - s_1(s_4c_5c_6 + c_4s_6) = 0 - 1(0+0) = 0$

$i_y = s_1[c_2(c_4c_5c_6 - s_4s_6) - s_2s_5c_6] + c_1(s_4c_5c_6 + c_4s_6) = 1(0-0) + 0 = 0$

$i_z = -s_2(c_4c_5c_6 - s_4s_6) - c_2s_5c_6 = -1(0 - 1 \times 1) + 0 = 1$

$o_x = c_1[-c_2(c_4c_5s_6 + s_4c_6) + s_2s_5s_6] - s_1(-s_4c_5c_6 + c_4s_6) = 0 - 1(0+0) = 0$

$o_y = s_1[-c_2(c_4c_5s_6 + s_4c_6) + s_2s_5s_6] + c_1(-s_4c_5c_6 + c_4s_6) = 1[0 + 1 \times 1 \times 1] + 0 = 1$

$o_z = s_2(c_4c_5s_6 + s_4c_6) + c_2s_5s_6 = 1(0+0) + 0 = 0$

$a_x = c_1(c_2c_4s_5 + s_2c_5) - s_1s_4s_5 = 0 - 1 \times 1 \times 1 = -1$

$a_y = s_1(c_2c_4s_5 + s_2c_5) + c_1s_4s_5 = 1(0+0) + 0 = 0$

$a_z = -s_2s_4s_5 + c_2c_5 = 0 + 0 = 0$

将本例给出的已知数据代入式（3-25b）后面三个公式可得位置矢量的分量 p_x、p_y、p_z 分别为（注意 $\cos90° = 0$）

$p_x = c_1[c_2c_4s_5H - s_2(c_5H - d_3)] - s_1(s_4s_5H + d_2) = 0 - 1(1 \times 1 \times 50 + 100) = -150$

$p_y = s_1[c_2c_4s_5H - s_2(c_5H - d_3)] + c_1(s_4s_5H + d_2) = 1[0 - 1(0 - 300)] + 0 = 300$

$p_z = -[s_2c_4s_5H + c_2(c_5H - d_3)] = -[0 + 0] = 0$

根据以上计算结果，可以写出手部位姿矩阵的数值解（即{6}系相对{0}系的齐次变换矩阵）为

$$T_6 = \begin{bmatrix} 0 & 0 & -1 & -150 \\ 0 & 1 & 0 & 300 \\ 1 & 0 & 0 & 0 \\ 0 & 0 & 0 & 1 \end{bmatrix}$$

该(4×4)矩阵即为斯坦福工业机器人在题目给定情况下手部的位姿矩阵，即运动学正解。

假如 $H = 0$，姿态矢量 n、o、a 不变，只有位置矢量 p 改变，则有

$$T_6 = \begin{bmatrix} 0 & 0 & -1 & -100 \\ 0 & 1 & 0 & 300 \\ 1 & 0 & 0 & 0 \\ 0 & 0 & 0 & 1 \end{bmatrix}$$

根据图 3-20 可以画出{6}系和{0}系的关系，如图 3-21 所示，根据图 3-21 很容易写出

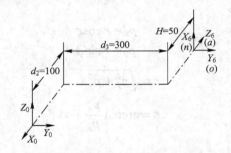

图 3-21　斯坦福机器人手部坐标系的位姿

$$T_6 = \begin{bmatrix} 0 & 0 & -1 & -150 \\ 0 & 1 & 0 & 300 \\ 1 & 0 & 0 & 0 \\ 0 & 0 & 0 & 1 \end{bmatrix}$$

这说明前面的计算正确。

根据上面的计算结果和（3-25b）式可知，连杆参数中的线性尺寸只引起位置矢量 p 的改变，对姿态矢量 n、o、a 没有影响。这是因为平移不改变坐标系的姿态的缘故。

3.1.5　工业机器人的逆运动学方程

现以斯坦福工业机器人为例来介绍反向求解的一种方法。为了书写简便，假设 $H = 0$，即坐标系{6}与坐标系{5}原点相重合

已知斯坦福工业机器人的运动学方程为

$$T_6 = A_1 A_2 A_3 A_4 A_5 A_6$$

现在给出 T_6 矩阵及各杆的参数 l、α、d，求关节变量 $\theta_1 \sim \theta_6$，其中 $\theta_3 = d_3$。

（1）求 θ_1

用 A_1^{-1} 左乘式 T_6，得

$$^1T_6 = A_1^{-1}T_6 = A_2A_3A_4A_5A_6$$

将上式左右两边展开得

$$
\begin{bmatrix}
n_xc_1 + n_ys_1 & o_xc_1 + o_ys_1 & a_xc_1 + a_ys_1 & p_xc_1 + y_ys_1 \\
-n_z & -o_z & -a_z & -p_z \\
-n_xs_1 + n_yc_1 & -o_xs_1 + o_yc_1 & -a_xs_1 + a_yc_1 & -p_xs_1 + p_yc_1 \\
0 & 0 & 0 & 1
\end{bmatrix}
$$

$$
=
\begin{bmatrix}
c_2(c_4c_5c_6 - s_4s_6) - s_2s_5c_6 & -c_2(c_4c_5s_6 + s_4c_6) + s_2s_5s_6 & c_2c_4s_5 + s_2c_5 & s_2d_3 \\
s_2(c_4c_5c_6 - s_4s_6) + c_2s_5c_6 & -s_2(c_4c_5s_6 + s_4c_6) - c_2s_5s_6 & s_2c_4s_5 - c_2c_5 & c_2d_3 \\
s_4c_5c_6 + c_4s_6 & -s_4c_5c_6 + c_4s_6 & s_4s_5 & d_2 \\
0 & 0 & 0 & 1
\end{bmatrix}
\tag{3-26}
$$

根据式（3-26）左、右两边之第三行第四列元素相等可得

$$p_xs_1 + p_yc_1 = d_2 \tag{3-27}$$

引入中间变量 r 及 ϕ，令

$$p_x = r \cdot \cos\phi$$

$$p_y = r \cdot \sin\phi$$

$$r = \sqrt{p_x^2 + p_y^2}$$

$$\phi = \arctan\frac{p_y}{p_x}$$

则式（3-27）化为

$$\cos\theta_1 \sin\phi - \sin\theta_1 \cos\phi = \frac{d_2}{r}$$

利用和差公式，上式又可化为

$$\sin(\phi - \theta_1) = \frac{d_2}{r}$$

这里，$0 < \dfrac{d_2}{r} \leqslant 1$，$0 < \phi - \theta < \pi$，又因为

$$\cos(\phi - \theta_1) = \pm\sqrt{1 - (d_2/r)^2}$$

故有

$$\phi - \theta_1 = \pm\arctan\left(\frac{d_2/r}{\sqrt{1 - (d_2/r)^2}}\right) = \pm\arctan\left(\frac{d_2}{\sqrt{r^2 - d_2^2}}\right)$$

所以

$$\theta_1 = \arctan\left(\frac{p_y}{p_x}\right) \mp \arctan\left(\frac{d_2}{\sqrt{r^2 - d_2^2}}\right) \tag{3-28}$$

这里，"+"号对应右肩位姿，"−"号对应左肩位姿。

（2）求 θ_2

根据式（3-26）左、右两边第一行第四列相等和第二行第四列相等可得

$$\begin{cases} p_x c_1 + p_y s_1 = s_2 d_3 \\ -p_z = -c_2 d_3 \end{cases} \tag{3-29}$$

故

$$\theta_2 = \arctan\left(\frac{p_x c_1 + p_y s_1}{p_z}\right) \tag{3-30}$$

（3）求 θ_3

在斯坦福工业机器人中 $\theta_3 = d_3$，利用 $\sin^2\theta + \cos^2\theta = 1$，由式（3-29）可解得

$$d_3 = s_2(p_x c_1 + p_y s_1) + p_z c_2 \tag{3-31}$$

（4）求 θ_4

由于 ${}^3T_6 = A_4 A_5 A_6$，所以

$$A_4^{-1} \cdot {}^3T_6 = A_5 A_6 \tag{3-32}$$

将式（3-32）左、右两边展开后取其左、右两边第三行第三列相等，得

$$-s_4[c_2(a_x c_1 + a_y s_1) - a_z s_2] + c_4(-a_x s_1 + a_y c_1) = 0$$

所以

$$\theta_4 = \arctan\left(\frac{-a_x s_1 + a_y c_1}{c_2(a_x c_1 + a_y s_1) - a_z s_2}\right) \tag{3-33}$$

及

$$\theta_4 = \theta_4 + 180°$$

（5）求 θ_5

取式（3-32）展开式左、右两边第一行第三列相等及第二行第三列相等，有

$$\begin{cases} c_4[c_2(a_x c_1 + a_y s_1) - a_z s_2] + s_4(-a_x s_1 + a_y c_1) = s_5 \\ s_2(a_x c_1 + a_y s_1) + a_z c_2 = c_5 \end{cases}$$

所以

$$\theta_5 = \arctan\left(\frac{c_4[c_2(a_x c_1 + a_y s_1) - a_z s_2] + s_4(-a_x s_1 + a_y c_1)}{s_2(a_x c_1 + a_y s_1) + a_z c_2}\right) \tag{3-34}$$

（6）求 θ_6

采用下列方程

$$A_5^{-1} \cdot {}^4T_6 = A_6 \tag{3-35}$$

展开并取其左、右两边第一行第二列相等及第二行第二列相等，有

$$\begin{cases} s_6 = -c_5\{c_4[c_2(o_x c_1 + o_y s_1) - o_z s_2] + s_4(-o_x s_1 + o_y c_1)\} + s_5[s_2(o_x c_1 + o_y s_1) + o_z c_2] \\ c_6 = -s_4[c_2(o_x c_1 + o_y s_1) - o_z s_2] + c_4(-o_x s_1 + o_y c_1) \end{cases}$$

所以

$$\theta_6 = \arctan\left(\frac{s_6}{c_6}\right) \tag{3-36}$$

至此，θ_1、θ_2、d_3、θ_4、θ_5、θ_6 全部求出。

从以上解的过程看出，这种方法就是将一个未知数由矩阵方程的右边移向左边，使其与其他未知数分开，解出这个未知数，再把下一个未知数移到左边，重复进行，直至解出所有未知数，所以这种方法也叫分离变量法。这是代数法的一种，它的特点是首先利用运动方程的不同形式，找出矩阵中简单表达某个未知数的元素，力求得到未知数较少的方程，然后求解。

3.2 工业机器人的动力学

要了解机器人动力学，也就是要了解决定机器人动态特性的运动方程式，即机器人的动力学方程。它表示机器人各关节的关节变量对时间的一阶导数、二阶导数、各执行器驱动力或力矩之间的关系，是机器人机械系统的运动方程。因此机器人动力学就是研究机器人运动数学方程的建立。其实际动力学模型可以根据已知的物理定律（例如牛顿或拉格朗日力学定律）求得。

机器人运动方程的求解可分为两种不同性质的问题。

1）正动力学问题。即机器人各执行器的驱动力或力矩为已知，求解机器人关节变量在关节变量空间的轨迹或末端执行器在笛卡尔空间的轨迹，这称为机器人动力学方程的正面求解，简称为正动力学问题。

2）逆动力学问题。即机器人在关节变量空间的轨迹已确定，或末端执行器在笛卡尔空间的轨迹已确定（轨迹已被规划），求解机器人各执行器的驱动力或力矩，这称为机器人动力学方程的反面求解，简称为逆动力学问题。

不管是哪一种动力学问题，都要研究机器人动力学的数学模型，区别在于问题的解法。我们研究动力学的重要目的之一是对机器人的运动进行有效控制，以实现预期的轨迹运动。常用的方法有牛顿-欧拉法、拉格朗日法、凯恩法等。牛顿-欧拉法是利用牛顿力学的刚体力学知识导出逆动力学的递推计算公式，再由它归纳出机器人动力学的数学模型——机器人矩阵形式的运动学方程；拉格朗日法是引入拉格朗日方程直接获得机器人动力学方程的解析公式，并可得到其递推计算方法。一般来说，拉格朗日法运算量最大，牛顿-欧拉法次之，凯恩法运算量最小、效率最高，在处理闭链机构的机器人动力学方面有一定的优势。

工业机器人的动力学分析在此不再展开介绍，有余力的读者可通过电子资源自行学习。

3.3 习题

一、填空题

1. 机器人运动学问题可分为_____和_____。

2. 在机器人坐标系中，运动时相对于连杆不动的坐标系称为_____，跟随连杆运动的坐标系称为_____。

3. 当机器人处在_____形位时会产生退化现象，丧失一个或更多的自由度。

二、判断题

1. 给定机器人末端执行器相对于参考坐标系的期望位置和姿态，求解关节矢量的问题称为运动学正问题。　　　　　　　　　　　　　　　　　　　　　　　　（　　）

2. 关节驱动力和力矩与末端执行器施加的力和力矩之间的关系是机器人操作臂力控制的基础。　　　　　　　　　　　　　　　　　　　　　　　　　　　　　　　（　　）

3. 工业机器人的运动学影响其定位精度，动力学影响其运动稳定性。　　（　　）

三、计算题

图 3-22 所示二自由度机械手，杆长为 $l_1 = l_2 = 0.5$m，试求下面三种情况时的关节瞬时速度 $\dot{\theta}_1$ 和 $\dot{\theta}_2$。

v_x/(m/s)	−1.0	0	1.0
v_y/(m/s)	0	1.0	1.0
θ_1	30°	30°	30°
θ_2	−60°	120°	−30°

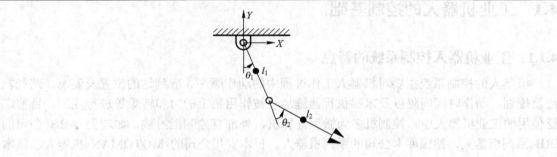

图 3-22　二自由度机械手

第4章　工业机器人的控制

教学目标

1．了解工业机器人控制系统的特点和组成。
2．掌握工业机器人控制系统的分类及各自优缺点。
3．正确规划工业机器简单动作的运动轨迹。
4．掌握工业机器人的示教编程原理，并能够对简单路径进行示教编程。
5．养成良好的职业素养和标准操作程序。

4.1　工业机器人的控制基础

4.1.1　工业机器人控制系统的特点

机器人的控制系统主要对机器人工作过程中的动作顺序、应到达的位置及姿态、路径轨迹及规划、动作时间间隔以及末端执行器施加在被作用物上的力和转矩等进行控制。目前广泛使用的工业机器人中，控制机多为微型计算机，外部有控制柜封装。如瑞士 ABB 公司的 IRB 系列机器人、德国库卡公司的系列机器人、日本安川公司的 MOTOMAN 机器人、日本发那科公司的 Mate 系列机器人等。这类机器人一般采用示教再现的工作方式，机器人的作业路径、运动参数由操作者手把手示教或通过程序设定，机器人重复再现示教的内容；机器人配有内部传感器，用来感知运行速度、位置和姿态等，还可以配备视觉、力传感器用来感知外部环境。

近年来，智能机器人的研究如火如荼。这类机器人的控制机多为计算机，处理的信息量大，控制算法复杂。同时配备了多种内部、外部传感器，不但能感知内部关节运行速度及力的大小，还能对外部的环境信息进行感知、反馈和处理。

与一般的伺服系统或过程控制系统相比，工业机器人控制系统具有如下特点。

（1）与机构运动学及动力学密切相关的控制系统

机器人的控制与机构运动学及动力学密切相关。机器人末端执行器的状态可以在各种坐标下进行描述，应当根据需要，选择不同的参考坐标系，并做适当的坐标变换。经常要求解运动学正问题和逆问题，除此之外还要考虑惯性力、外力（包括重力）及哥氏力、向心力的影响。

（2）多变量控制系统

一个机器人一般有 3～6 个自由度，比较复杂的机器人有十几个、甚至几十个自由度。每个自由度一般包含一个伺服机构，它们必须协调起来，组成一个多变量控制系统。

（3）计算机控制系统

把多个独立的伺服系统有机地协调起来，使其按照人的意志行动，赋予机器人一定的

"智能"，这个任务只能由计算机来完成。因此，机器人控制系统必须是一个计算机控制系统。同时，计算机软件担负着艰巨的任务。

（4）耦合非线性控制系统

描述机器人状态和运动的数学模型是一个非线性模型，随着状态的不同和外界环境的变化，其参数也在变化，各变量之间还存在耦合。因此，仅仅利用位置闭环是不够的，还要利用速度闭环甚至加速度闭环。系统中经常使用重力补偿、前馈、解耦或自适应控制等方法。

（5）寻优控制系统

机器人的动作往往可以通过不同的方式和路径来完成，因此存在一个"最优"的问题。较高级的机器人可以用人工智能的方法，用计算机建立起庞大的信息库，借助信息库进行控制、决策、管理和操作。根据传感器和模式识别的方法获得对象及环境的工况，按照给定的指标要求，自动地选择最佳的控制规律。

总而言之，机器人控制系统是一个与运动学和动力学原理密切相关的、有耦合的、非线性的多变量控制系统。由于它的特殊性，经典控制理论和现代控制理论都不能照搬使用。

4.1.2 工业机器人控制系统的主要功能

机器人控制系统是机器人的重要组成部分，用于对操作机的控制，以完成特定的工作任务，其基本功能如下。

1）具有位置伺服功能，实现对工业机器人的位置、速度、加速度等的控制，对于连续轨迹运动的工业机器人，还必须具有轨迹的规划与控制功能。

2）方便的人机交互功能。操作人员通过人机接口（示教器、操作面板、显示屏等）采用直接指令代码对工业机器人进行作业指示。使工业机器人具有作业知识的记忆、修正和工作程序的跳转功能，存储作业顺序、运动路径、运动方式、运动速度和与生产工艺有关的信息。

3）具有对外部环境（包括作业条件）的检测和感觉功能。为使工业机器人具有对外部状态变化的适应能力，工业机器人应能具有对诸如视觉、力觉、触觉等有关信息进行采集、识别、判断和理解等功能。在自动化生产线中，工业机器人应具有与其他设备交换信息，协调工作的能力。

4）具有故障诊断和安全保护功能，运行时进行系统状态监视、故障状态下的安全保护和故障自诊断。

4.1.3 工业机器人控制系统的基本组成与结构

1．工业机器人控制系统的基本组成

机器人的控制系统由控制计算机、示教编程器和操作面板组成，如图 4-1 所示。

1）控制计算机：控制系统的调度指挥机构。一般为微型机、微处理器有 32 位、64 位等，如奔腾系列 CPU 以及其他类型 CPU。

2）示教盒：示教盒又称示教器，用来示教机器人的工作轨迹和参数设定，以及所有人机交互操作，拥有自己独立的 CPU 以及存储单元，与主计算机之间以串行通信方式实现信息交互。

3）操作面板：由各种操作按键、状态指示灯构成，只完成基本功能操作。

4）磁盘存储：存储机器人工作程序的外围存储器。

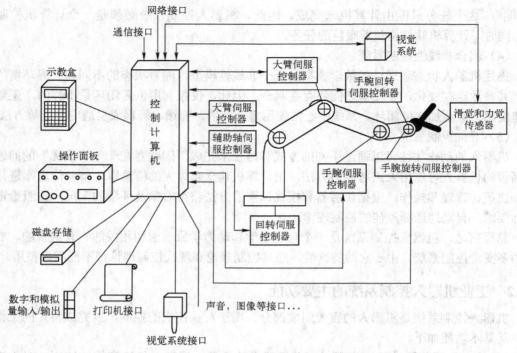

图 4-1 机器人控制系统组成框图

5）数字和模拟量输入/输出：各种状态和控制命令的输入或输出。

6）打印机接口：记录需要输出的各种信息。

7）传感器接口：用于信息的自动检测，实现机器人柔顺控制，一般为力觉、触觉和视觉传感器。

8）轴控制器：完成机器人各关节位置、速度和加速度控制。

9）辅助设备控制：用于和机器人配合的辅助设备控制，如手爪变位器等。

10）通信接口：实现机器人和其他设备的信息交换，一般有串行接口、并行接口等。

11）网络接口。

① Ethernet 接口：可通过以太网实现数台或单台机器人的直接 PC 通信，支持 TCP/IP 通信协议，数据传输速率高达 10Mbit/s，可直接在 PC 上用 Windows 库函数进行应用程序编程之后，通过 Ethernet 接口将数据及程序装入各个机器人控制器中。

② Fieldbus 接口：支持多种流行的现场总线规格，如 Devicenet、ABRemoteI/O、Interbus-s、Profibus-DP、M-NET 等。

2．工业机器人控制系统的基本结构

一个典型的工业机器人控制系统，主要由上位计算机、运动控制器、驱动器、电动机、执行机构和反馈装置构成，如图 4-2 所示。

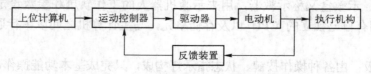

图 4-2　机器人控制系统的基本结构

一般地，工业机器人控制系统基本结构的构成方案有三种：基于 PLC 的运动控制、基于 PC 和运动控制卡的运动控制、纯 PC 控制。

（1）基于 PLC 的运动控制

用 PLC 进行运动控制有两种，如图 4-3 所示。

1）利用 PLC 的某些输出端口，使用脉冲输出指令来产生脉冲，从而驱动电动机，同时使用通用 I/O 或者计数部件来实现电动机的闭环位置控制。

2）使用 PLC 外部扩展的位置模块来进行电动机的闭环位置控制。

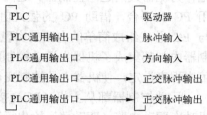

图 4-3　基于 PLC 的运动控制

（2）基于 PC 和运动控制卡的运动控制

运动控制器以运动控制卡为主，工控 PC 只提供插补运算和运动指令。运动控制卡完成速度控制和位置控制。如图 4-4 所示。

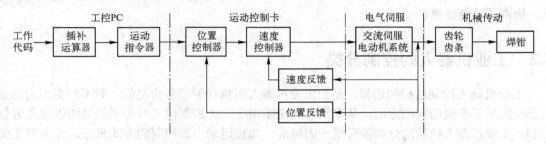

图 4-4　基于 PC 和运动控制卡的运动控制

（3）纯 PC 控制

图 4-5 为完全采用 PC 的全软件形式进行控制的机器人系统。在高性能工业 PC 和嵌入式 PC（配备专为工业应用而开发的主板）的硬件平台上，可通过软件程序实现 PLC 和运动控制等功能，从而实现机器人需要的逻辑控制和运动控制。

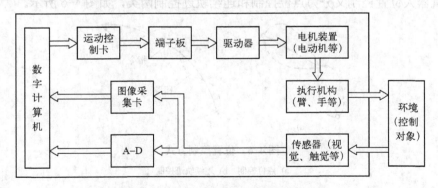

图 4-5　完全 PC 结构的机器人控制系统

通过高速的工业总线进行 PC 与驱动器的实时通信，能显著地提高机器人的生产效率和灵活性。不过，在提供灵活的应用平台的同时，也大大提高了开发难度和延长了开发周期。由于其结构的先进性，这种结构代表了未来机器人控制结构的发展方向。

随着芯片集成技术和计算机总线技术的发展，专用运动控制芯片和运动控制卡越来越多地作为机器人的运动控制器。这两种形式的伺服运动控制器控制方便灵活，成本低，都以通用 PC 为平台，借助 PC 的强大功能来实现机器人的运动控制。前者利用专用运动控制芯片与 PC 总线组成简单的电路来实现；后者直接做成专用的运动控制卡。这两种形式的运动控制器内部都集成了机器人运动控制所需的许多功能，有专用的开发指令，所有的控制参数都可由程序设定，使机器人的控制变得简单，易实现。

运动控制器都从主机（PC）接受控制命令，从位置传感器接受位置信息，向伺服电动机功率驱动电路（驱动器）输出运动命令。对于伺服电动机位置闭环系统来说，运动控制器主要完成了位置环的作用，可称为数字伺服运动控制器，适用于包括机器人和数控机床在内的一切交、直流和步进电动机伺服控制系统。

专用运动控制器的使用使得原来由主机完成的大部分计算工作由运动控制器内的芯片来完成，使控制系统硬件设计简单，与主机之间的数据通信量减少，解决了通信中的瓶颈问题，提高了系统效率。

4.2 工业机器人的控制分类

工业机器人控制结构的选择，是由工业机器人所执行的任务决定的，对不同类型的机器人已经发展了不同的控制方法，从来没有人企图用统一的控制模式对不同类型的机器人进行控制。工业机器人控制的分类没有统一的标准，如按运动坐标控制的方式来分，有关节空间运动控制、直角坐标空间运动控制；按控制系统对工作环境变化的适应程度来分，有程序控制系统、适应性控制系统、人工智能控制系统；按同时控制机器人数目的多少来分，可分为单控系统、群控系统。除此以外，通常还按运动控制方式的不同，将机器人控制分为位置控制、速度控制、力控制（包括位置/力混合控制）三类。

1. 位置控制方式

工业机器人位置控制又分为点位控制和连续轨迹控制两类，如图 4-6 所示。

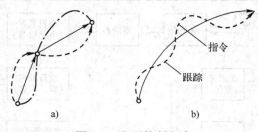

图 4-6　位置控制方式

a) 点位控制　b) 连续轨迹控制

1）点位控制。这类控制的特点是仅控制离散点上工业机器人手爪或工具的位姿，要求尽快而无超调地实现相邻点之间的运动，但对相邻点之间的运动轨迹一般不做具体规定。点位控制的主要技术指标是定位精度和完成运动所需的时间。例如，在印制电路板上安插元件，点焊、搬运和上下料等工作，都采用点位控制方式。

2）连续轨迹控制。这类运动控制的特点是连续控制工业机器人手爪（或工具）的位姿轨迹。一般要求速度可控、轨迹光滑且运动平稳。轨迹控制的技术指标是轨迹精度和平稳性。例如，在弧焊、喷漆、切割等场所的工业机器人控制均属于这一类。

2．速度控制方式

对工业机器人的运动控制来说，在位置控制的同时，有时还要进行速度控制。例如，在连续轨迹控制方式的情况下，工业机器人按预定的指令，控制运动部件的速度和实行加、减速，以满足运动平稳、定位准确的要求。为了实现这一要求，机器人的行程要遵循一定的速度变化曲线，如图 4-7 所示。由于工业机器人是一种工作情况（行程负载）多变、惯性负载大的运动机械，要处理好快速与平稳的矛盾，必须控制起动加速和减速定位这两个过渡运动区段。

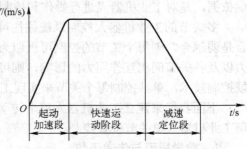

图 4-7　机器人行程的速度/时间曲线

3．力（力矩）控制方式

在进行装配或抓取物体等作业时，工业机器人末端操作器与环境或作业对象的表面接触，除了要求准确定位之外，还要求使用适度的力或力矩进行工作，这时就要采取力（力矩）控制方式。力（力矩）控制是对位置控制的补充，这种方式的控制原理与位置伺服控制原理也基本相同，只不过输入量和反馈量不是位置信号，而是力（力矩）信号，因此，要求系统中有力（力矩）传感器。有时也利用接近觉、滑觉等功能进行适应式控制。

4.2.1　位置控制

工业机器人位置控制的目的就是要使机器人各关节实现预先所规划的运动，最终保证工业机器人末端执行器沿预定的轨迹运行。

实际中的工业机器人，大多为串接的连杆结构，其动态特性具有高度的非线性。但在其控制系统的设计中，往往把机器人的每个关节当成一个独立的伺服机构来处理。伺服系统一般在关节坐标空间中指定参考输入，采用基于关节坐标的控制。

图 4-8 表示了机器人本身、控制系统和轨迹规划器之间的关系。工业机器人接受控制系统发出的关节驱动力矩矢量 τ，装于机器人各关节上的传感器测出关节位置矢量 θ 和关节速度矢量 $\dot{\theta}$，再反馈到控制器上，这样由反馈控制构成了工业机器人的闭环控制系统。

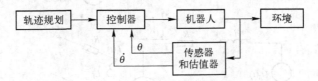

图 4-8　机器人控制系统方框图

图 4-8 中所有的信号线都是 $n\times1$ 维矢量，这表明工业机器人的控制是多输入-多输出（MIMO）控制系统。在后面讨论的模型中，我们对该系统进行了简化，即把每个关节作为一个独立的系统。因而，对于一个具有 n 个关节的工业机器人来说，我们可以把它分解成 n 个独立的单输入-单输出（SISO）控制系统。大多数工业机器人控制系统的设计都采用这种简化方法。很显然，这种独立关节控制方法是近似的，因为它忽略了工业机器人的运动结构

特点，即各个关节之间相互耦合和随形位变化的事实。如果对于更高性能要求的机器人控制，则必须考虑更有效的动态模型、更高级的控制方法和更完善的计算机体系结构。总之，与其他控制系统相比，机器人控制是相当复杂的。

对工业机器人实施位置控制，位置检测元件是必不可少的。检测是为进行比较和判断提供依据，是对工业机器人进行操作和控制的基础。

多关节的工业机器人控制系统往往可以分解成若干个带耦合的单关节控制系统。如果耦合是弱耦合，则每个关节的控制可近似为独立的，由一个简单的伺服系统单独驱动。至于重力以及各关节间相互作用力的影响，则可由预先设计好的控制策略来消除。实际上，采用常规控制技术，单独控制每个关节来实现工业机器人位置控制是可能的。

下面我们来建立工业机器人单个转动关节的简化模型，推导出它的传递函数，并依此实现工业机器人单关节位置控制。

1．数学模型与传递函数

用来驱动工业机器人关节运动的驱动器主要有以下三种基本形式：气动式、液动式和电动式。使用得较多的是电动式，其中以直流伺服电动机驱动方式最常见。这是因为这种电动机具有良好的特性：调速范围广，输出转速随控制电压改变，能在宽广范围内连续调节；转子惯量小，使得起动、停转迅速；控制功率小，过载能力强，而且力矩-速度特性是线性的。这些特点正好较好地适应了工业机器人对驱动元件的要求，即技术性能稳定可靠、动作灵敏、精度高、体积小、重量轻、耗电少。

图 4-9a 为利用直流伺服电动机驱动工业机器人单个关节运动的控制原理图，图 4-9b 为驱动单关节的直流永磁力矩电动机的电枢绕组等效电路。图 4-10 为机械传动原理图。图中符号含义如下。

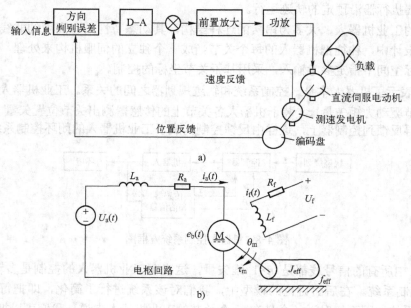

图 4-9　直流电动机驱动

a) 原理图　　b) 电枢绕组等效电路

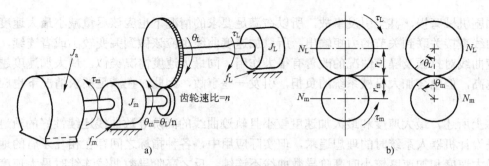

图 4-10　机械传动原理图

图 4-9、图 4-10 中，U_a 为电枢电压；U_f 为励磁电压；L_a 为电枢电感；L_f 为励磁绕组电感；R_a 为电枢电阻；R_f 为励磁绕组电阻；$i_a(t)$ 为电枢电流；$i_f(t)$ 为励磁电流；$e_b(t)$ 为反电动势；τ_m 为电动机输出力矩；θ_m 为电动机轴角位移；θ_L 为负载轴角位移；J_m 为折合到电动机轴的惯性矩；J_L 为折合到负载轴的负载惯性矩；f_m 为折合到电动机轴的黏性摩擦系数；f_L 为折合到负载轴的黏性摩擦系数；z_m 为电动机齿轮齿数；z_L 为负载齿轮齿数；n 为电动机轴到负载轴的传动比（即齿轮速比），$n=z_m/z_L$。

4.2.2　速度控制

在生产实际中机器人的运动常会伴随各种各样的问题。如起动、停止时的抖振或噪声，不能精确到达指定位置等，机器人系统需要平滑、平稳的运动，如运动不平稳，会加重机械部件磨损，使得机器人系统产生抖振现象并伴随着强烈的噪声，而且电动机由于物理因素的限制不可能提供机器人突变需要的无穷大的力矩，从而产生运动的不连贯。这些现象与机器人的运动轨迹特性相关。连续或者突变较小的位移、速度和加速度曲线能保证机器人系统的平稳运行，所以机器人必须沿着规划好的性能良好的轨迹运动曲线运动。机器人的控制处理器有运算能力上的限制，过于复杂的轨迹规划算法往往又带来实时性的问题，所以我们希望通过对轨迹规划理论分析的基础上，保证机器人能够长期、稳定、高效的运行同时，找出一种合适的轨迹规划曲线，既能满足运动控制的要求，同时所需的处理时间也较短。

1．工业机器人加减速曲线特性分析

对于给定了起始点和目标点位置的机器人来说，只是限制了起始和终止两个极限位置，对于中间的过程曲线则没有进行限制，仅采用上章研究的正逆运动学变换技术足以使机器人运动起来，但是不足之处在于机器人的运动具有很大的抖动和噪声，轨迹路线不确定性较大，影响实际使用效果，为了使机器人更快更精确更稳定地从起始点到达目的点，在起动和终止时运动必须是平缓的，不能有运动上的突变行为，所以对运动曲线也必须进行精确控制，也对轨迹曲线、速度曲线、加速度曲线、二次加速度曲线提出了更高的要求，需要综合考虑复杂度、运动学特性以及负载和环境要求等情况。轨迹规划中，轨迹曲线、速度曲线和加速度曲线连续或者突变很小是基础，然后需要通过对加速度曲线求导分析找出合适的符合要求的二次加速度曲线函数。

机器人的最大速度是机器人运动特性的一个重要指标，质量一定的情况下，由物理定理可知速度越大，则机器人的动量也就越大。当有突发事件发生，需要紧急停车时，最大加速度直接关系到机器人系统的惯性力大小，巨大的惯性使得机械结构不能及时响应停止指令，容易加剧机械磨损，甚至引发事故，所以在满足要求的情况下也应该尽量减小最大速度。加速度曲线直接关联到关节的力矩输出，所以加速度曲线也应该做到突变较小或者连续，好的加速度曲线对抖振及噪声情况的改善有很大作用，同最大速度情况类似，最大加速度越大，效率越高，但也会加大机械系统的负担，引发一些事故，因此，在满足要求情况下也应尽量减小。

综上所述，最大速度和最大加速度较小且轨迹曲线的高阶导数曲线连续性好的轨迹规划曲线是设计机器人系统时的理想追求，但实际应用中，各种指标之间存在相互矛盾的地方，往往最大速度和加速度较小时高阶导数曲线不连续，反之高阶导数曲线连续时最大速度和加速度又较大，不可能所有指标都达到最佳值，需要我们权衡各种指标并根据需要进行具体分析求解。

2. 加减速控制方法分析

为了选取合适的轨迹曲线，按照速度曲线加减速线型的不同，传统加减速控制方法可以分为梯形加减速、指数加减速、多项式插补曲线、三角函数加减速，前两种是机器人最常用最基本的轨迹曲线。然而虽然梯形加减速，其加速度曲线是连续的，由加速段、等速段和减速段曲线构成，但是加速度曲线的导数，二次加速度曲线不连续，并且其开始和结束处的二次加速度曲线突变值方向不同，大小也不同，会使机器人系统遭受严重的冲击，造成抖动，影响精度；指数加减速的缺点也是在高速运动时稳定性较差；多项式插值能够生成速度与加速度曲线都连续的平滑曲线，可以避免运动时的突变或抖振，但多项式次数较低时平滑度不够，与预想轨迹差距较大，用高阶多项式处理时复杂度也随之增加，最大速度和最大加速度也会加大，给电动机控制带来难度；采用正弦函数的加速度曲线，其导数二次加速度曲线是光滑连续的余弦函数曲线，余弦加速度运动规律的特点是其曲线导数是光滑连续的，但与原曲线存在着 90° 的偏移，在开始与终止位置不能够无误差连接，初始值较大且存在加速度的突变，所以往往造成机器人起动和停止时的大幅度振动，降低系统性能同时带来安全上的顾虑。尽管有些不足，但比前三种函数的曲线的二次加速度曲线要好，只是它的最大速度和最大加速度要求也比前三种要大得多。

随着时代的发展，加工工艺的精度越来越高，需要机器人具有更好的运动特性，因而对轨迹规划曲线的要求也就越来越严格，在需要精密控制机器人的场合，不仅要求高阶导数曲线连续，而且要求有较小的最大速度、最大加速度和二次加速度曲线突变值，传统的轨迹曲线已经不能满足现代工业的技术要求，S 型曲线的连接点处具有相同的位移、速度、加速度甚至是二次加速度，过渡平滑，不存在突变。因此设计出一种满足工业实际运行指标的 S 型加减速曲线成为提高机器人性能的有效方法。

4.2.3 力控制

在喷漆、激光加工时所使用的工业机器人，一般只要求其末端执行器（喷枪、激光加工头）沿某一预定的路径运动，运动过程中末端执行器始终不与外界任何物体相接触，这时，我们只需对机器人进行位置控制就够了。

然而，在另一种场合，如装配、加工、抛光等作业中，工作过程中要求机器人手爪与作业对象接触，并保持一定的压力。此时，如果只对其实施位置控制，有可能由于机器人的位姿误差及作业对象放置不准，或者使手爪与作业对象脱离接触，或者使两者相碰撞而引起过大的接触力，其结果，不是机器人手爪在空中晃动，就是造成机器人或作业对象的损伤。对于这类作业，一种比较好的控制方案是：控制手爪与作业对象之间的接触力。这样，即使是作业对象位置不准确，也能保持手爪与作业环境的正确接触。相应地，对机器人的控制，除了在一些自由度方向进行位置控制外，还需要在另一些自由度方向进行力控制。

由于力是在两物体相互作用后才产生的，因此力控制是首先将环境考虑在内的控制问题。为了对机器人进行力控制，需要分析机器人手爪与环境的约束状态，并根据约束条件制定控制策略；此外，还需要在机器人上安装力传感器，用来检测机器人与环境接触状态的变化信息。控制系统根据预先制定的控制策略对这些信息做出处理后，可以指挥机器人在不确定环境下进行与该环境相适应的操作，从而使机器人能胜任复杂的作业任务，这是机器人的一种智能化特征。

力（包括力矩）传感器的作用，是用来检测机器人自身的内部力及机器人与外界接触时相互作用的力的大小，它是力控制系统中的关键组成部分。大部分力传感器采用电阻（或半导体）应变技术，将敏感元件应变片粘贴在金属骨架上，金属骨架承受的力决定了应变片的输出信号的大小。从控制的角度来看，一般希望力传感器具有多维信号检测能力，即要求有检测三个坐标轴的分力和分力矩的功能，这种功能正是机器人按坐标控制所需的。

通常，力传感器安装在工业机器人上的位置有下列三种，第一种可装在关节驱动器轴上，传感器测量驱动器本身输出力和力矩，虽然这对有些控制方式是有效的，对控制决策的实现也较为有利，但是一般情况下，无法提供机器人手爪与环境接触力的信息；第二种可装在工业机器人腕部，即安放在手爪与机器人最后一个关节之间，这种方式能够比较直接地测量作用在机器人手爪上的力和力矩，典型的传感器能够测量作用于手爪的力和力矩的 6 个分量；第三种可装于手爪指尖上，这种情况下测得的环境对手爪的作用力最直接，一般是在手指内部贴应变片，形成"力敏感手指"，可以测量作用于每个手指上的1~4个分力。

1. 约束条件与约束坐标系

（1）约束条件

机器人执行某项任务，往往要分成若干步骤，我们将这些步骤称作子任务。每一子任务是由机器人手爪（或工具）与作业环境的具体接触状态来定义的，即可以根据子任务的特征，把这些子任务与一组约束条件联系起来。因而，完成一项任务，就是要机器人执行由各子任务的约束条件所构成的约束序列。

约束条件包括自然约束和人为约束。所谓自然约束，是指由环境的几何特性或作业结构特征等引起的对机器人的约束，是当机器人手爪接触外界环境的时候自然生成的约束条件。人为约束则是人为给定的约束，用来描述机器人预期的运动或施加的力，也就是说，当要描述预期的位置或力的轨迹时，就要定义一组人为约束条件。

自然约束条件与人为约束条件表达了位置控制与力控制的对偶性。例如，当机器人手爪与静止的工作平台表面接触时，手爪不能自由地通过平台表面，这就存在一种自然的位置约束，可在这个方向施加力控制；此外，如果不考虑接触面上的摩擦力，这时沿平台表面有切向力为零的自然力约束，可以施加位置控制。需要强调的是，人为约束条件必须与自然约束条件相适应，因为在一个给定的自由度上不能同时对力和位置实施控制。因此，机器人手爪在工作平台上完成操作作业时，人为约束条件只能是沿平台表面的路径轨迹和与平台垂直方向上的接触力。

（2）约束坐标系

在许多机器人的作业任务中，可以定义这样一个广义平面：沿此广义平面的法线方向有自然位置约束，可以加人为力约束，即实施力控制；而沿切向方向有自然力约束，可以加人为位置约束，即实施位置控制。但为了便于描述，也可用一个坐标系$\{C\}$来取代这一广义平面，我们称坐标系$\{C\}$为约束坐标系，它总是处于与某项具体任务有关的位置。这样，执行一项作业任务就可以用一组在$\{C\}$坐标系中定义的约束条件来表示。

约束坐标系的选择，取决于所执行的任务，一般应建立在机器人手爪与作业对象相接触的界面上，具有以下特点：

1）$\{C\}$为直角坐标系，以方便描述作业操作；

2）视任务的不同，$\{C\}$可能在环境中固定不动，也可能随手爪一起运动；

3）$\{C\}$有六个自由度。任一时刻的作业均可分解为沿$\{C\}$中每一自由度的位置控制或力控制。

2．力的控制

如图 4-11 所示，当工业机器人手爪与环境相接触时，会产生相互作用的力。一般情况下，在考虑接触力时，必须设计某种环境模型。为使概念明确，我们用类似于位置控制的简化方法，使用很简单的质量-弹簧模型来表示受控物体与环境之间的接触作用，如图 4-12 所示。假设系统是刚性的，质量为 m，而环境具有的刚度为 k_e。

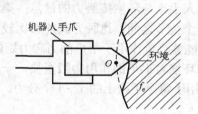 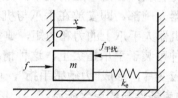

图 4-11　机器人与环境的相互作用　　　　图 4-12　质量-弹簧模型

4.3　工业机器人的运动轨迹规划

所谓轨迹，是指操作臂在运动过程中的位移、速度和加速度。而轨迹规划是根据作业任务的要求，计算出预期的运动轨迹。首先对机器人的任务、运动路径和轨迹进行描述，轨迹规划器可使编程手续简化，只要求用户输入有关路径和轨迹的若干约束和简单描述，而复杂的细节问题则由规划器解决。例如，用户只需给出手部的目标位姿，让规划器确定到达该目标的路径点、持续时间、运动速度等轨迹参数。并且，在计算机内部描述所要求的轨迹，即选择习惯规定及合理的软件数据结构。最后，根据内部描述的轨迹、实时计算机器人运动的位移、速度和加速度，生成运动轨迹。机器人的规划是分层次的，从高层的任务规划，动作规划到手部轨迹规划和关节轨迹规划，最后才是低层的控制。

1．机器人轨迹的概念

机器人轨迹泛指工业机器人在运动过程中的运动轨迹，即运动点的位移、速度和加速度。

机器人在作业空间要完成给定的任务，其手部运动必须按一定的轨迹（trajectory）进行。轨迹的生成一般是先给定轨迹上的若干个点，如图 4-13 所示，将其经运动学逆解映射到关节空间，对关节空间中的相应点建立运动方程，然后按这些运动方程对关节进行插值，从而实现作业空间的运动要求，这一过程通常称为轨迹规划。工业机器人轨迹规划属于机器人底层规划，基本上不涉及人工智能的问题，本章主要讨论在关节空间或笛卡尔空间中工业机器人运动的轨迹规划和轨迹生成方法。

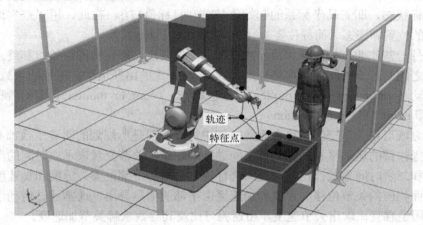

图 4-13　机器人运动轨迹规划示意图

机器人运动轨迹的描述一般是对其手部位姿的描述，此位姿值可与关节变量相互转换。控制轨迹也就是按时间控制手部或工具中心走过的空间路径。

2．轨迹规划的一般性问题

通常将操作臂的运动看作是工具坐标系{T}相对于工件坐标系{S}的一系列运动。这种描述方法既适用于各种操作臂，也适用于同一操作臂上装夹的各种工具。对于移动工作台（例如传送带），这种方法同样适用。这时，工件坐标{S}位姿随时间而变化。

例如，图 4-14 所示将销插入工件孔中的作业可以借助工具坐标系的一系列位姿 P_i(i=1，2，…，n)来描述。这种描述方法不仅符合机器人用户考虑问题的思路，而且有利于描述和生成机器人的运动轨迹。

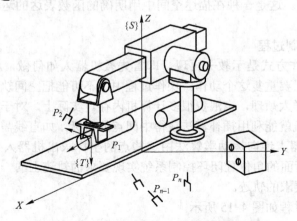

图 4-14　机器人将销插入工件孔中的作业描述

用工具坐标系相对于工件坐标系的运动来描述作业路径是一种通用的作业描述方法。它把作业路径描述与具体的机器人、手爪或工具分离开来，形成了模型化的作业描述方法，从而使这种描述既适用于不同的机器人，也适用于在同一机器人上装夹不同规格的工具。在轨迹规划中，为叙述方便，也常用点来表示机器人的状态，或用它来表示工具坐标系的位姿，例如作业起始点、作业终止点就分别表示工具坐标系的起始位姿及终止位姿。

对点位作业（pick and place operation）的机器人（如用于上、下料），需要描述它的起始状态和目标状态，即工具坐标系的起始值 $\{T0\}$ 和目标值 $\{Tf\}$。在此，用"点"这个词表示工具坐标系的位置和姿态（简称位姿），例如起始点和目标点等。

对于另外一些作业，如弧焊和曲面加工等，不仅要规定操作臂的起始点和终止点，而且要指明两点之间的若干中间点（称路径点），必须沿特定的路径运动（路径约束）。这类称为连续路径运动（continuous—path motion）或轮廓运动（contour motion），而前者称点到点运动（PTP，即 point—to—point motion）。

轨迹规划既可在关节空间也可在直角空间中进行，但是所规划的轨迹函数都必须连续和平滑，使得操作臂的运动平稳。在关节空间进行规划是将关节变量表示成时间的函数，并规划它的一阶和二阶时间导数；在直角空间进行规划是指将手部位姿、速度和加速度表示为时间的函数。而相应的关节位移、速度和加速度由手部的信息导出。通常通过运动学逆解得出关节位移、用逆雅克比求出关节速度，用逆雅可比及其导数求解关节加速度。

用户根据作业给出各个路径结点后，规划器的任务包含：解变换方程、进行运动学逆解和插值运算等；在关节空间进行规划时，大量工作是对关节变量的插值运算。

3．轨迹的生成方式

运动轨迹的描述或生成有以下几种方式。

1）示教—再现运动。这种运动由人手把手示教机器人，定时记录各关节变量，得到沿路径运动时各关节的位移时间函数 $q(t)$；再现时，按内存中记录的各点的值产生序列动作。

2）关节空间运动。这种运动直接在关节空间里进行。由于动力学参数及其极限值直接在关节空间里描述，所以用这种方式求最短时间运动很方便。

3）空间直线运动。这是一种直角空间里的运动，它便于描述空间操作，计算量小，适宜简单的作业。

4）空间曲线运动。这是一种在描述空间中用明确的函数表达的运动，如圆周运动、螺旋运动等。

4．机器人轨迹控制过程

机器人的基本操作方式是示教—再现，即首先教机器人如何做，机器人记住了这个过程，于是它可以根据需要重复这个动作。操作过程中，不可能把空间轨迹的所有点都示教一遍使机器人记住，这样太烦琐，也浪费很多计算机内存。实际上，对于有规律的轨迹，仅示教几个特征点，计算机就能利用插补算法获得中间点的坐标，如直线需要示教两点，圆弧需要示教三点，通过机器人逆向运动学算法由这些点的坐标求出机器人各关节的位置和角度（$\theta_1, \cdots, \theta_n$），然后由后面的角位置闭环控制系统实现要求的轨迹上的一点。继续插补并重复上述过程，从而实现要求的轨迹。

机器人轨迹控制过程如图 4-15 所示。

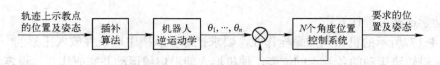

图 4-15 机器人轨迹控制过程

5. 关节空间插补

如上所述，路径点（结点）通常用工具坐标系以相对于工件坐标系的位姿来表示。为了求得在关节空间形成所要求的轨迹，首先用运动学逆解将路径点转换成关节矢量角度值，然后对每个关节拟合一个光滑函数，使之从起始点开始，依次通过所有路径点，最后到达目标点。

对于每一段路径，各个关节运动时间均相同，这样保证所有关节同时到达路径点和终止点，从而得到工具坐标系应有的位置和姿态。但是，尽管每个关节在同一段路径中的运动时间相同，各个关节函数之间却是相互独立的。

总之，关节空间法是以关节角度的函数来描述机器人的轨迹的，关节空间法不必在直角坐标系中描述两个路径点之间的路径形状，计算简单、容易。再者，由于关节空间与直角坐标空间之间并不是连续的对应关系，因而不会发生机构的奇异性问题。

在关节空间中进行轨迹规划，需要给定机器人在起始点、终止点手臂的位姿。对关节进行插值时，应满足一系列约束条件，例如抓取物体时，手部运动方向（初始点），提升物体离开的方向（提升点），放下物体（下放点）和停止点等结点上的位姿、速度和加速度的要求；与此相应的各个关节位移、速度、加速度在整个时间间隔内连续性要求；其极值必须在各个关节变量的容许范围之内等。在满足所要求的约束条件下，可以选取不同类型的关节插值函数生成不同的轨迹：

1）三次多项式插值；

2）过路径点的三次多项式插值；

3）高阶多项式插值；

4）用抛物线过渡的线性插值。

6. 机器人手部路径的轨迹规划

（1）操作对象的描述

由前述可知，任一刚体相对参考系的位姿是用与它固连的坐标系来描述的。刚体上相对于固连坐标系的任一点用相应的位置矢量 P 表示；任一方向用方向余弦表示。给出刚体的几何图形及固连坐标系后，只要规定固连坐标系的位姿，便可重构该刚体在空间的位姿。

如图 4-16 所示的螺栓，其轴线与固接坐标系的 Z 轴重合。螺栓头部直径为 32 mm，中心取为坐标原点，螺栓长 80 mm，直径 20 mm，则可根据固连坐标系的位姿，重构螺栓在空间的位姿和几何形状。

（2）作业的描述

机器人的作业过程可用手部位姿结点序列来规定，每个结点可用工具坐标系相对于工件坐标系的齐次变换来描述。相应的关节变

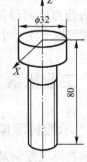

图 4-16 操作对象的描述

量可用运动学逆解方程计算。

如图 4-17 所示的机器人插螺栓作业，要求把螺栓从槽中取出并放入托架的一个孔中，用符号表示沿轨迹运动的各结点的位姿，使机器人能沿虚线运动并完成作业。设定 P_i ($i=0$，1，2，3，4，5)为气动手爪必须经过的直角坐标结点。参照这些结点的位姿将作业描述为如表 4-1 所示的手部的一连串运动和动作。

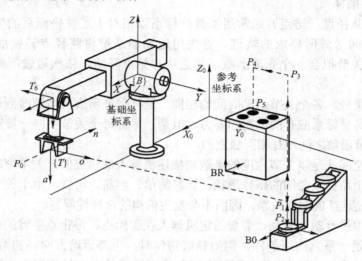

图 4-17　机器人插螺栓作业的轨迹

第一个结点 P_1 对应一个变换方程，从而解出相应的机器人的变换 ${}^0T_6$。由此得到作业描述的基本结构：作业结点 P_i 只对应机器人变换 ${}^0T_6$，从一个变换到另一变换通过机器人运动实现。

表 4-1　螺栓的抓紧和插入过程

结点	P_0	P_1	P_2	P_2	P_3	P_4	P_5	P_5
运动	INIT	MOVE	MOVE	GRASP	MOVE	MOVE	MOVE	RELEASE
目标	原始	接近螺栓	到达	抓住	提升	接近托架	插入孔中	放下

机器人完成此项作业时气动手爪的位姿可用一系列结点来表示。在直角坐标空间中进行轨迹规划的首要问题是在结点 P_i 和 P_{i+1} 所定义路径的起点和终点之间，如何生成一系列中间点。两结点之间最简单的路径是空间的一个直线移动和绕某定轴的转动。运动时间给定之后，则可以产生一个使线速度和角速度受控的运动。

4.4　工业机器人的示教与再现

4.4.1　示教再现原理

示教再现控制是指控制系统可以通过示教编程器或手把手进行示教，将动作顺序、运动速度、位置等信息用一定的方法预先教给工业机器人，再由工业机器人的记忆装置将所教的操作过程自动记录在磁盘等存储器中，当需要再现操作时，重放存储器中存储的内容即可。如需更改操作内容，只需重新示教一遍或更换预先录好程序的磁盘或其他存储器即可，因而重编程序极为简便和直观。

示教的方法有很多种，有主从式、编程式、示教盒式等。

主从式示教由结构相同的大、小两个机器人组成，当操作者对主动小机器人手把手进行操作控制的时候，由于两机器人所对应关节之间装有传感器，所以从动大机器人可以以相同的运动姿态完成所示教的操作。

如图 4-18 所示为美国 Intuitive Surgical 公司研制成功的达芬奇外科手术机器人系统，在手术时，医生通过操纵主动小机器人，向远端从动大机器人发送指令，控制从动大机器人完成手术动作。

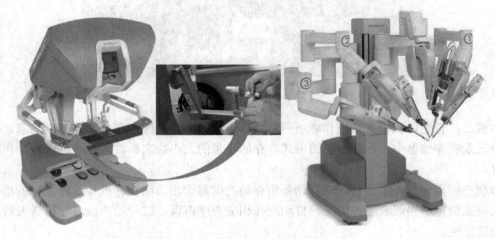

图 4-18　主从式达芬奇外科手术机器人

编程式示教运用上位机进行控制，将示教点以程序的格式输入到计算机中，当再现时，按照程序语句一条一条地执行。这种方法除了计算机外，不需要任何其他设备，简单可靠，适用小批量、单件机器人的控制。

示教盒式示教和上位机控制的方法大体一致，只是由示教盒中的单片机代替了计算机，从而使示教过程简单化。这种方法由于成本较高，所以适用在较大批量的成型的产品中。

示教再现机器人的控制方式如图 4-19 所示。

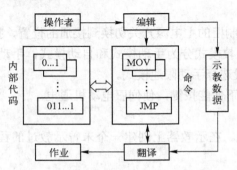

图 4-19　示教再现机器人的控制方式

机器人的示教再现过程分为四个步骤进行。

步骤一：示教。操作者把规定的目标动作（包括每个运动部件、每个运动轴的动作）一步一步地教给机器人，主要示教工业机器人运动路径上的特殊点，如图 4-20 所示，示教同时给出相邻点之间的移动形式（直线、圆弧）以及速度等参数。示教的简繁，标志着机器人自动化水平的高低。

图 4-20 示教特殊点

步骤二：记忆。机器人将操作者所示教的各个点的动作顺序信息、动作速度信息、位姿信息等记录在存储器中。存储信息的形式、存储存量的大小决定机器人能够进行的操作的复杂程度。

步骤三：再现。根据需要，将存储器所存储的信息读出，向执行机构发出具体的指令。机器人根据给定顺序或者工作情况，自动选择相应程序再现，这一功能标志着机器人对工作环境的适应性。

步骤四：操作。机器人以再现信号作为输入指令，使执行机构重复示教过程的各种动作。

在示教再现这一动作循环中，示教和记忆同时进行，再现和操作同时进行。这种方式是机器人控制中比较方便和常用的方法之一。

4.4.2 示教再现操作方法

示教再现操作分为示教前准备、示教、再现前准备和再现四个阶段。

1. 示教前准备

1）接通主电源。把控制柜的主电源开关切换到接通的位置，接通主电源并进入系统。

2）选择示教模式。示教模式分为手动模式和自动模式，手动模式又分为手动限速和手动全速两种模式。示教阶段选择手动限速模式。

3）接通伺服电源。按下使能按键，使伺服电动机通电。

2. 示教

1）创建示教程序文件。在示教器上创建一个未曾示教过的程序文件名称，用于储存后面的示教程序文件。

2）示教点的设置。示教作业是一种工作程序，它表示机械手将要执行的任务。如图 4-21

所示，以工业机器人从 A 处搬运工件至 B 处为例，说明工业机器人示教点的设置步骤。该示教过程由 10 个步骤组成。

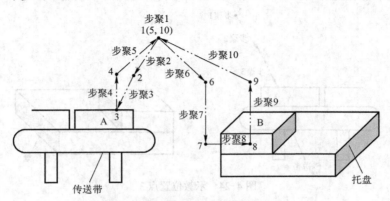

图 4-21　示教点的设置示意图

① 步骤 1——开始位置，如图 4-22 所示。开始位置 1 要求设置在安全且适合作业准备的位置。一般情况下，可以将机器人操作开始位置选择在机器人的零点位置。手动操作机器人回到零点位置后，记录该点位置。

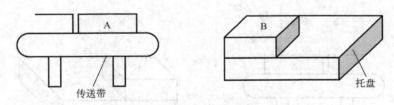

图 4-22　示教开始位置点

② 步骤 2——移动到抓取位置附近，如图 4-23 所示。选取机器人接近工件但不与工件发生干涉的方向、位置作为机器人可以抓取工件的姿态（通常在抓取位置的正上方）。用轴操作键将机器人移动到该位置，并记录该点（示教位置点 2）位置。

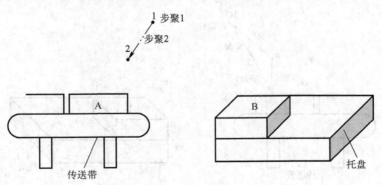

图 4-23　示教位置点 2

③ 步骤 3——到抓取位置抓取，如图 4-24 所示。

设置操作模式为直角坐标系，设置运行速度为较低速度。

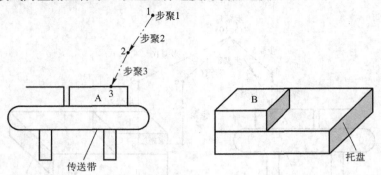

图 4-24　示教位置点 3

保持步骤 2 的姿态不变，用轴操作键将机器人移动到示教位置点 3（抓取点）位置；抓取工件并记录该点位置。

④ 步骤 4——退回到抓取位置附近（抓取后的退让位置），如图 4-25 所示。

用轴操作键把抓住工件的机器人移到抓取位置附近。移动时，选择与周边设备和工具不发生干涉的方向、位置（通常在抓取位置的正上方，也可和步骤 2 在同一位置）。记录该点（示教位置点 4）位置。

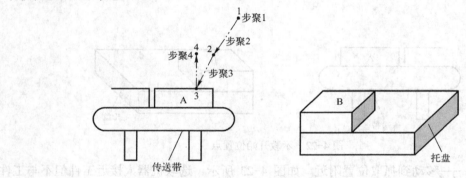

图 4-25　示教位置点 4

⑤ 步骤 5——回到开始位置，如图 4-26 所示。

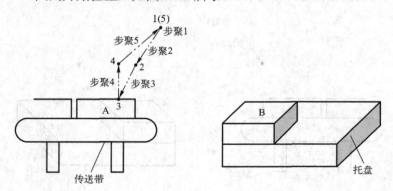

图 4-26　示教位置点 5

⑥ 步骤6——移动到放置位置附近（放置前），如图4-27所示。

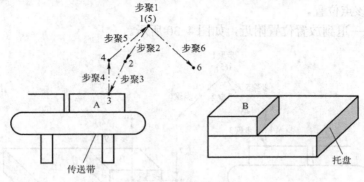

图4-27 示教位置点6

用轴操作键设定机器人能够放置工件的姿态。在机器人接近工作台时，要选择把持的工件和堆积的工件不干涉的方向、位置（通常，在放置辅助位置的正上方）。记录该点（示教位置点6）位置。

⑦ 步骤7——到达放置辅助位置，如图4-28所示。

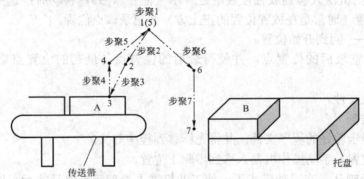

图4-28 示教位置点7

从步骤6直接移到放置位置，已经放置的工件和夹持着的工件可能发生干涉，这时为了避开干涉，要用轴操作键设定一个辅助位置（示教位置点7），姿态和示教位置点6相同。记录该点位置。

⑧ 步骤8——到达放置位置，放置工件，如图4-29所示。

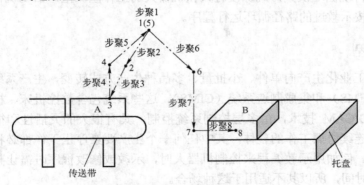

图4-29 示教位置点8

91

用轴操作键把机器人移到放置位置（示教位置点 8），这时请保持步骤 7 的姿态不变。释放工件并记录该点位置。

⑨ 步骤9——退到放置位置附近，如图 4-30 所示。

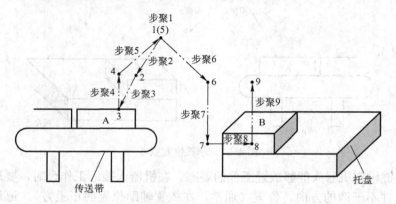

图 4-30　示教位置点 9

用轴操作键把机器人移到放置位置附近（示教位置点 9）。移动时，选择工件和工具不干涉的方向、位置（通常是在放置位置的正上方）并记录该点位置。

⑩ 步骤10——回到开始位置。

步骤 10 设置最后的位置点，并使得最后的位置点与最初的位置点重合。记录该点位置。

3）保存示教文件。

3. 再现前准备

1）选择已经示教好的程序文件，并将光标移到程序开头。

2）回初始位置。手动操作机器人移到步骤 1 位置。

3）示教路径确认。在手动模式下，使工业机器人沿着示教路径执行，确认示教运行路径正确。

4）选择自动模式。

5）接通伺服电源。

4. 再现

确保设置好再现循环次数，确保没有人在机器人的工作区域里。启动机器人自动运行模式，使得机器人按示教过的路径循环运行程序。

4.4.3　离线编程

随着大批量工业化生产向单件、小批量、多品种生产方式转变，生产系统越来越趋向于柔性制造系统（FMS）和集成制造系统（CIMS）。这些系统包含数控机床、机器人等自动化设备，结合 CAD/CAM 技术，由多层控制系统控制，具有很大的灵活性和很高的生产适应性。系统是一个连续协调工作的整体，其中任何一个生产要素停止工作都必将迫使整个系统的生产工作停止。例如用示教编程来控制机器人时，示教或修改程序时需让整体生产线停下来，占用了生产时间，所以其不适用于这种场合。

另外 FMS 和 CIMS 是一些大型的复杂系统，如果用机器人语言编程，编好的程序不经过离线仿真就直接用在生产系统中，很可能引起干涉、碰撞，有时甚至造成生产系统的损坏，所以需要独立于机器人在计算机系统上实现一种编程方法，这时机器人离线编程方法就应运而生了。

1．机器人离线编程的特点

机器人离线编程系统是在机器人编程语言的基础上发展起来的，是机器人语言的拓展。它利用机器人图形学的成果，建立起机器人及其作业环境的模型，再利用一些规划算法，通过对图形的操作和控制，在离线的情况下进行轨迹规划。

（1）机器人离线编程的优点

与其他编程方法相比，离线编程具有下列优点。

1）减少机器人的非工作时间。当机器人在生产线或柔性系统中进行正常工作时，编程人员可对下一个任务进行离线编程仿真，这样编程不占用生产时间，提高了机器人的利用率，从而提高整个生产系统的工作效率。

2）使编程人员远离危险的作业环境。由于机器人是一个高速的自动执行机，而且作业现场环境复杂，如果采用在线示教这样的编程方法，编程员必须在作业现场靠近机器人末端执行器才能很好地观察机器人的位姿，这样机器人的运动可能会给操作者带来危险，而离线编程不必在作业现场进行。

3）使用范围广。同一个离线编程系统可以适应各种机器人的编程。

4）便于构建 FMS 和 CIMS 系统。FMS 和 CIMS 系统中有许多搬运、装配等工作需要由预先进行离线编程的机器人来完成，机器人与 CAD/CAM 系统结合，做到机器人及 CAD/CAM 的一体化。

5）可使用高级机器人语言对复杂系统及任务进行编程。

6）便于修改程序。对于不同的作业任务，只需替换一部分待定的程序即可。

（2）机器人离线编程的过程

机器人离线编程不仅需要掌握机器人的有关知识，还需要掌握数学、绘图及通信的有关知识，另外必须对生产过程及环境了解透彻，所以它是一个复杂的工作过程。机器人离线编程大约需要经历如下的一些过程。

1）对生产过程及机器人作业环境进行全面的了解。

2）构造出机器人及作业环境的三维实体模型。

3）选用通用或专用的基于图形的计算机语言。

4）利用几何学、运动学及动力学的知识，进行轨迹规划、算法检查、屏幕动态仿真，检查关节超限及传感器碰撞的情况，规划机器人在动作空间的路径和运动轨迹。

5）进行传感器接口连接和仿真，利用传感器信息进行决策和规划。

6）利用通信接口，完成离线编程系统所生成的代码到各种机器人控制器的通信。

7）利用用户接口，提供有效的人机界面，便于人工干预和进行系统操作。

最后完成的离线编程及仿真还需考虑理想模型和实际机器人系统之间的差异。可以预测两者的误差，然后对离线编程进行修正，直到误差在容许范围内。

2．机器人离线编程系统的结构

离线编程系统的结构如图 4-31 所示，主要由用户接口、机器人系统的三维几何构造、运动学计算、轨迹规划、动力学仿真、传感器仿真、并行操作、通信接口和误差校正等部分组成。

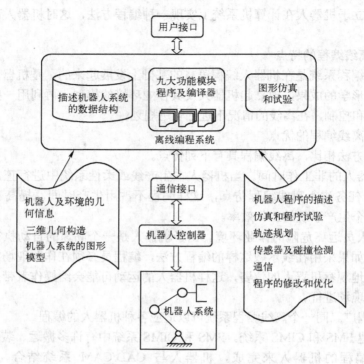

图 4-31　离线编程系统结构图

（1）用户接口

用户接口即人机界面，是计算机和操作人员之间信息交互的唯一途径，它的方便与否直接决定了离线编程系统的优劣。设计离线编程系统方案时，就应该考虑建立一个方便实用、界面直观的用户接口，通过它产生机器人系统编程的环境并快捷地进行人机交互。

离线编程的用户接口一般要求具有图形仿真界面和文本编辑界面。文本编辑方式下的界面用于对机器人程序的编辑、编译等，而图形界面用于对机器人及环境的图形仿真和编辑；用户可以通过操作鼠标等交互工具改变屏幕上机器人及环境几何模型的位置和形态。通过通信接口及联机至用户接口，可以实现对实际机器人的控制，使之与屏幕机器人的位姿一致。

（2）机器人系统的三维几何构造

三维几何构造是离线编程的特色之一，正是有了三维几何构造模型，才能进行图形及环境的仿真。三维几何构造的方法有结构立体几何表示、扫描变换表示及边界表示三种。其中边界表示便于形体的数字表示、运算、修改和显示，扫描变换表示便于生成轴对称图形，而结构立体几何表示所覆盖的形体较多。机器人的三维几何构造一般采用这三种方法的综合。

三维几何构造时要考虑用户使用的方便性，构造后要能够自动生成机器人系统的图形信息和拓扑信息，便于修改，并保证构造的通用性。

三维几何构造的核心是机器人及其环境的图形构造。作为整个生产线或生产系统的一部

94

分，构造的机器人、夹具、零件和工具的三维几何图形最好用现成的 CAD 模型从 CAD 系统获得，这样可实现数据共享，即离线编程系统作为 CAD 系统的一部分。如离线编程系统独立于 CAD 系统，则必须有适当的接口实现与 CAD 系统的连接。

构建三维几何模型时最好将机器人系统进行适当简化，仅保留其外部特征和构件间的相互关系，忽略构件内部细节。这是因为三维构造的目的不是研究其内部结构，而是用图形方式模拟机器人的运动过程，检验运动轨迹的正确性和合理性。

（3）运动学计算

机器人的运动学计算分为运动学正解和运动学逆解两个方面。所谓机器人的运动学正解是指已知机器人的几何参数和关节变量值，求出机器人末端执行器相对于基座坐标系的位置和姿态。所谓机器人的逆解是指给出机器人末端执行器的位置和姿态及机器人的几何参数，反过来求各个关节的关节变量值。机器人的正、逆解是一个复杂的数学运算过程，尤其是逆解需要解高阶矩阵方程，求解过程非常复杂，而且每一种机器人正、逆解的推导过程又不同。所以在机器人的运动学求解中，人们一直在寻求一种正、逆解的通用求解方法，这种方法能适用于大多数机器人的求解。这一目标如果能在机器人离线编程系统中加以解决，即在该系统中能自动生成运动学方程并求解，则系统的适应性强，容易推广。

（4）轨迹规划

轨迹规划的目的是生成关节空间或直角空间内机器人的运动轨迹。离线编程系统中的轨迹规划是生成机器人在虚拟工作环境下的运动轨迹。机器人的运动轨迹有两种，一种是点到点的自由运动轨迹，这样的运动只要求起始点和终止点的位姿及速度和加速度，对中间过程机器人运动参数无任何要求，离线编程系统自动选择各关节状态最佳的一条路径来实现。另一种是对路径形态有要求的连续路径控制，当离线编程系统实现这种轨迹时，轨迹规划器接受预定路径和速度、加速度要求，如路径为直线、圆弧等形态时，除了保证路径起点和终点的位姿及速度、加速度以外，还必须按照路径形态和误差的要求用插补的方法求出一系列路径中间点的位姿及速度、加速度。在连续路径控制中，离线系统还必须进行障碍物的防碰撞检测。

（5）动力学仿真

离线编程系统根据运动轨迹要求求出的机器人运动轨迹，理论上能满足路径的轨迹规划要求。当机器人的负载较轻或空载时，不会因机器人动力学特性的变化而引起太大误差，但当机器人处于高速或重载的情况下时，机器人的机构或关节可能产生变形，而引起轨迹位置和姿态的较大误差。这时就需要对轨迹规划进行机器人动力学仿真，对过大的轨迹误差进行修正。

动力学仿真是离线编程系统实时仿真的重要功能之一，因为只有模拟机器人实际的工作环境（包括负载情况）后，仿真的结果才能用于实际生产。

（6）传感器仿真

传感器信号的仿真及误差校正也是离线编程系统的重要内容之一。仿真的方法也是通过几何图形仿真。例如，对于触觉信息的获取，可以将触觉阵列的几何模型分解成一些小的几何块阵列，然后通过对每一个几何块和物体间干涉的检查，将所有和物体发生干涉的几何块用颜色编码，通过图形显示而获得接触信息。

（7）并行操作

有些应用工业机器人的场合需用两台或两台以上的机器人，还可能有其他与机器人有同步要求的装置，如传送带、变位机及视觉系统等，这些设备必须在同一作业环境中协调工作。这时不仅需要对单个机器人或同步装置进行仿真，还需要同一时刻对多个装置进行仿真，即所谓的并行操作。所以离线编程系统必须提供并行操作的环境。

（8）通信接口

一般工业机器人提供两个通信接口，一个是示教接口，用于示教编程器与机器人控制器的连接，通过该接口把示教编程器的程序信息输出；另一个是程序接口，该接口与具有机器人语言环境的计算机相连，离线编程也通过该接口输出信息给控制器。所以通信接口是离线编程系统和机器人控制器之间信息传递的桥梁，利用通信接口可以把离线系统仿真生成的机器人运动程序转换成机器人控制器能接受的信息。

通信接口的发展方向是接口的标准化。标准化的通信接口能将机器人仿真程序转化为各种机器人控制柜均能接受的数据格式。

（9）误差校正

由于离线编程系统中的机器人仿真模型与实际的机器人模型之间存在误差，所以离线编程系统中误差校正的环节是必不可少的。误差产生的原因很多，主要有以下几个方面。

1）机器人的几何精度误差：离线系统中的机器人模型是用数字表示的理想模型，同一型号机器人的模型是相同的，而实际环境中所使用的机器人由于制造精度误差，其尺寸会有一定的出入。

2）动力学变形误差：机器人在重载的情况下因弹性形变导致机器人连杆的弯曲，从而导致机器人的位置和姿态误差。

3）控制器及离线系统的字长：控制器和离线系统的字长决定了运算数据的位数，字长越长则精度越高。

4）控制算法：不同的控制算法，其运算结果具有不同的精度。

5）工作环境：在工作空间内，有时环境与理想状态相比变化较大，使机器人位姿产生误差，如温度变化产生的机器人变形。

4.5　工业机器人的编程语言

机器人的开发语言一般为 C、C++、C++ Builder、VB、VC 等语言，主要取决于执行机构（伺服系统）的开发语言；而机器人编程分为动作级编程语言、对象级编程语言任务级编程语言三个级别。机器人编程语言分为专用操作语言（如 VAL 语言、AL 语言、SLIM 语言等）、应用已有计算机语言的机器人程序库（如 Pascal 语言、JARS 语言、AR-BASIC 语言等）、应用新型通用语言的机器人程序库（如 RAPID 语言、AML 语言 KAREL 语言等）三种类型。目前主要应用的是 SLIM 语言。

随着机器人的发展，机器人语言也得到发展和完善。机器人语言已成为机器人技术的一个重要部分。机器人的功能除了依靠机器人硬件的支持外，相当一部分依赖机器人语言来完成。早期的机器人由于功能单一，动作简单，可采用固定程序或示教方式来控制机器人的运动。随着机器人作业动作的多样化和作业环境的复杂化，依靠固定的程序或示教方式已满足不了要求，必须依靠能适应作业和环境随时变化的机器人语言来完成机器人的工作。

机器人语言种类繁多，而且新的语言层出不穷。这是因为机器人的功能不断拓展，需要新的语言来配合其工作。另一方面，机器人语言多是针对某种类型的具体机器人而开发的，所以机器人语言的通用性很差，几乎一种新的机器人问世，就有一种新的机器人语言与之配套。

1．动作级编程语言

动作级编程语言是最低一级的机器人语言。它以机器人的运动描述为主，通常一条指令对应机器人的一个动作，表示从机器人的一个位姿运动到另一个位姿。动作级编程语言的优点是比较简单，编程容易。其缺点是功能有限，无法进行复杂的数学运算，不接受浮点数和字符串，子程序不含有自变量；不能接受复杂的传感器信息，只能接受传感器开关信息；与计算机的通信能力很差。典型的动作级编程语言为 VAL 语言，如 VAL 语言语句"MOVE TO （destination）"的含义为机器人从当前位姿运动到目标位姿。

动作级编程语言编程时分为关节级编程和末端执行器级编程两种。

（1）关节级编程

关节级编程是以机器人的关节为对象，编程时给出机器人一系列各关节位置的时间序列，在关节坐标系中进行的一种编程方法。对于直角坐标型机器人和圆柱坐标型机器人，由于直角关节和圆柱关节的表示比较简单，这种方法编程较为适用；而对具有回转关节的关节型机器人，由于关节位置的时间序列表示困难，即使一个简单的动作也要经过许多复杂的运算，故这一方法并不适用。

关节级编程可以通过简单的编程指令来实现，也可以通过示教盒示教和键入示教实现。

（2）末端执行器级编程

末端执行器级编程是在机器人作业空间的直角坐标系中进行。在此直角坐标系中给出机器人末端执行器一系列位姿组成位姿的时间序列，连同其他一些辅助功能如力觉、触觉、视觉等的时间序列，同时确定作业量、作业工具等，协调地进行机器人动作的控制。

这种编程方法允许有简单的条件分支，有感知功能，可以选择和设定工具，有时还有并行功能，数据实时处理能力强。

2．对象级编程语言

所谓对象即作业及作业物体本身。对象级编程语言是比动作级编程语言高一级的编程语言，它不需要描述机器人手爪的运动，只要由编程人员用程序的形式给出作业本身顺序过程的描述和环境模型的描述，即描述操作物与操作物之间的关系。通过编译程序机器人即能知道如何动作。

这类语言典型的例子有 AML 及 AUTOPASS 等语言，其特点为：

1）具有动作级编程语言的全部动作功能；

2）有较强的感知能力，能处理复杂的传感器信息，可以利用传感器信息来修改、更新环境的描述和模型，也可以利用传感器信息进行控制、测试和监督；

3）具有良好的开放性，语言系统提供了开发平台，用户可以根据需要增加指令，扩展语言功能；

4）数字计算和数据处理能力强，可以处理浮点数，能与计算机进行即时通信。

对象级编程语言用接近自然语言的方法描述对象的变化。对象级编程语言的运算功能、作业对象的位姿时序、作业量、作业对象承受的力和力矩等都可以以表达式的形式出现。系统中机器人尺寸参数、作业对象及工具等参数一般以知识库和数据库的形式存在，系统编译程序时获取这些信息后对机器人动作过程进行仿真，再进行确定作业对象合适的位姿，获取传感器信息并处理，回避障碍以及与其他设备通信等工作。

3. 任务级编程语言

任务级编程语言是比前两类更高级的一种语言，也是最理想的机器人高级语言。这类语言不需要用机器人的动作来描述作业任务，也不需要描述机器人对象物的中间状态过程，只需要按照某种规则描述机器人对象的初始状态和最终目标状态，机器人语言系统即可利用已有的环境信息和知识库、数据库自动进行推理、计算，从而自动生成机器人详细的动作、顺序和数据。

例如，一装配机器人欲完成某一螺钉的装配，螺钉的初始位置和装配后的目标位置已知，当发出抓取螺钉的命令时，语言系统从初始位置到目标位置之间寻找路径，在复杂的作业环境中找出一条不会与周围障碍物产生碰撞的合适路径，在初始位置处选择恰当的姿态抓取螺钉，沿此路径运动到目标位置。在此过程中，作业中间状态作业方案的设计、工序的选择、动作的前后安排等一系列问题都由计算机自动完成。

任务级编程语言的结构十分复杂，需要人工智能的理论基础和大型知识库、数据库的支持，是一种理想状态下的语言，目前还不是十分完善，有待于进一步的研究。但可以相信，随着人工智能技术及数据库技术的不断发展，任务级编程语言必将取代其他语言而成为机器人语言的主流，使得机器人的编程应用变得十分简单。

一般用户接触到的语言都是机器人公司自己开发的针对用户的语言平台，通俗易懂，在这一层次，每一个机器人公司都有自己的语法规则和语言形式，这些都不重要，因为这层是给用户示教编程使用的。在这个语言平台之后是一种基于硬件相关的高级语言平台，如 C 语言、C++语言、基于 IEC61131 标准语言等，这些语言是机器人公司做机器人系统开发时所使用的语言平台，这一层次的语言平台可以编写翻译解释程序，针对用户示教的语言平台编写的程序进行翻译，解释成该层语言所能理解的指令，该层语言平台主要进行运动学和控制方面的编程，再底层就是硬件语言，如基于 Intel 硬件的汇编指令等。

商用机器人公司提供给用户的编程接口一般都是自己开发的简单的示教编程语言系统，机器人控制系统提供商提供给用户的一般是第二层语言平台，在这一平台层次，控制系统供应商可能提供了机器人运动学算法和核心的多轴联动插补算法，用户可以针对自己设计的产品应用自由的进行二次开发，该层语言平台具有较好的开放性，但是用户的工作量也相应增加，这一层次的平台主要是针对机器人开发厂商的平台，如欧系一些机器人控制系统供应商就是基于 IEC61131 标准的编程语言平台。最底层的汇编语言级别的编程环境我们一般不用太关注，这些是控制系统芯片硬件厂商的事。

各家工业机器人公司的机器人编程语言都不相同，各家有各家自己的编程语言。但是，不论变化多大，其关键特性都很相似。比如 Staubli 机器人的编程语言叫 VAL3，风格和 Basic 语言相似；ABB 的编程语言的叫做 RAPID，风格和 C 语言相似；还有 Adept Robotics 的 V+，FANUC，KUKA，MOTOMAN 都有专用的编程语言，而由于机器人的发明公司 Unimation 公司最开始的语言就是 VAL，所以这些语言结构都有所相似。

4.6 习题

一、填空题

1. 通常，按运动控制方式的不同，将机器人控制分为_____、_____和_____三类。

2. 工业机器人位置控制分为_____和_____两类。

3. 一般，工业机器人控制系统基本结构的构成方案有三种：_____、_____和_____。

4. 工业机器人的编程语言有_____、_____、和_____三类。

二、判断题

1. 机器人控制系统是一个与运动学和动力学原理密切相关的、有耦合的、非线性的多变量控制系统。（　　）

2. 实际中的工业机器人，大多为串接的连杆结构，其动态特性具有高度的非线性。（　　）

3. 动作级编程语言是最低一级的机器人语言。（　　）

4. 机器人语言多是针对某种类型的具体机器人而开发的，所以机器人语言的通用性很差，几乎一种新的机器人问世，就有一种新的机器人语言与之配套。（　　）

三、简答题

1. 机器人的控制系统有哪些特点？

2. 机器人有哪些控制方式？各有什么优点？

3. 机器人的控制功能有哪些？

4. 说说机器人控制系统的基本单元。

5. 机器人的运动轨迹生成方式有哪几种？

6. 简述机器人的运动轨迹生成过程。

8. 机器人离线编程有哪些优点？其系统结构有哪些内容？

9. 结合各自学校实际，试选一种设备，简述其设备的技术参数、工作任务和离线编程步骤。

第 5 章 手动操纵工业机器人

教学目标

1. 了解工业机器人的安全操作规程。
2. 熟悉示教器的按键及使用功能。
3. 掌握机器人运动轴与坐标系。
4. 掌握手动移动机器人的流程和方法。

5.1 工业机器人运动轴与坐标系

5.1.1 工业机器人的运动轴

工业机器人在生产中的应用，除了其本身的性能特点要满足作业要求外，一般还需配置相应的外围配套设备，如工件的工装夹具，转动工件的回转台、翻转台，移动工件的移动台等。这些外围设备的运动和位置控制都要与工业机器人相配合，并具有相应的精度。通常机器人运动轴按其功能可划分为机器人轴、基座轴和工装轴，基座轴和工装轴统称外部轴，如图 5-1 所示。机器人轴是指机器人操作机（本体）的轴，属于机器人本身。目前商用工业机器人大多采用 6 轴关节型，如图 5-2 所示。基座轴是使机器人移动的轴的总称，主要指行走轴（移动滑台或导轨）；工装轴是除机器人轴、基座轴以外的轴的总称，指使工件、工装夹具翻转和回转的轴，如回转台、翻转台等。

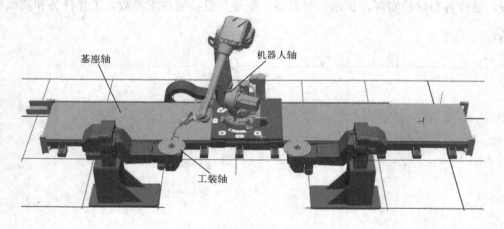

图 5-1　机器人系统中各运动轴的定义

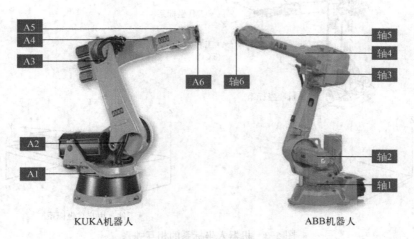

图 5-2　典型机器人操作机各运动轴

顾名思义，6 轴关节型机器人操作机有 6 个可活动的关节（轴）。KUKA 机器人 6 轴分别定义为 A1、A2、A3、A4、A5 和 A6；ABB 机器人 6 轴定义为轴 1、轴 2、轴 3、轴 4、轴 5 和轴 6，如图 5-2 所示；FANUC 机器人 6 轴定义为 J1 轴、J2 轴、J3 轴、J4 轴、J5 轴和 J6 轴；YASKAWA（安川）机器人 6 轴则定义为 S 轴、L 轴、U 轴、R 轴、B 轴和 T 轴。其中，A1、A2 和 A3 三轴（轴 1、轴 2 和轴 3 或 J1 轴、J2 轴和 J3 轴或 S 轴、L 轴和 U 轴）称为基本轴或主轴，用于保证末端执行器达到工作空间的任意位置；A4、A5 和 A6 三轴（轴 4、轴 5 和轴 6 或 J4 轴、J5 轴和 J6 轴或 R 轴、B 轴和 T 轴）称为腕部轴或次轴，用于实现末端执行器的任意空间姿态。

5.1.2　工业机器人的坐标系

工业机器人的运动实质是根据不同作业内容、轨迹的要求，在各种坐标系下的运动。机器人坐标系包括 World 坐标系——世界坐标系、Base 坐标系——机座坐标系、Tool 坐标系——工具坐标系及 Wobj 坐标系——工件（用户）坐标系等，其相互关系如图 5-3 所示。规定坐标系的目的在于对机器人进行轨迹规划和编程时，提供一种标准符号，尤其是对于由两台以上工业机器人组成的机器人工作站或柔性生产系统，要实现机器人之间的配合协作，必须是在相同的坐标系中。工具坐标系的原点一般是在机器人第六轴法兰盘的圆心。目前，在大部分商用工业机器人系统中，均可使用关节坐标系和直角坐标系。而世界坐标系、机座坐标系、工具坐标系和工件（用户）坐标系，均属于直角坐标系范畴。世界坐标系又称大地坐标系，在工作单位或工作站中有固定的位置和相应的零点，默认情况下，世界坐标系与机座坐标系是一致的。

1．关节坐标系

在关节坐标系下，机器人各轴均可实现单独正向或反向运动。对于大范围运动，且不要求机器人 TCP 点姿态的，可选关节坐标系。各轴具体的动作情况见表 5-1。

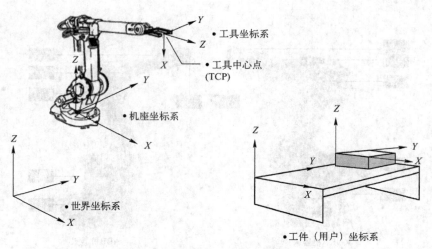

图 5-3 机器人坐标系的相互关系

表 5-1 工业机器人行业本体运动轴定义

轴 类 型	轴 名 称				动作说明	图 示
	ABB	KUKA	FANUC	YASKAWA		
主轴 （基本轴）	轴1	A1轴	J1轴	S轴	本体回转	
	轴2	A2轴	J2轴	L轴	大臂运动	
	轴3	A3轴	J3轴	U轴	小臂运动	
次轴 （腕部轴）	轴4	A4轴	J4轴	R轴	手腕 旋转运动	

102

轴 类 型	轴 名 称				动作说明	图 示
	ABB	KUKA	FANUC	YASKAWA		
次轴 （腕部轴）	轴 5	A5 轴	J5 轴	B 轴	手腕 上下摆动	
	轴 6	A6 轴	J6 轴	T 轴	手腕 圆周运动	

2．直角坐标系

直角坐标系是机器人示教与编程时经常使用的坐标系之一，这主要源于大家对它比较熟悉。

（1）机座坐标系

机座坐标系的原点定义在机器人的安装面与第一转动轴的交点处，X 轴向前，Z 轴向上，Y 轴按右手定则确定，如图 5-4 所示。在机座坐标系中，不管机器人处于什么位置，机器人 TCP 点均可沿设定的 X 轴、Y 轴及 Z 轴平行移动。各轴具体的动作情况见表 5-2。

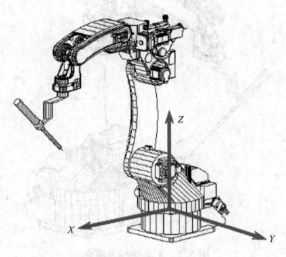

图 5-4　机座坐标系原点

表 5-2　工业机器人在机座坐标系下的各轴运动

轴类型	轴名称	动作说明	动作图示	轴类型	轴名称	动作说明	动作图示
主轴（基本轴）	X 轴	沿 X 轴平移		次轴（腕部轴）	U 轴	绕 Z 轴旋转	
	Y 轴	沿 Y 轴平移			V 轴	绕 Y 轴旋转	
	Z 轴	沿 Z 轴平移			W 轴	绕末端工具所指方向旋转	

（2）工具坐标系

工具坐标系的原点定义为机器人 TCP 点，并且假定工具的有效方向为 X 轴，Y 轴和 Z 轴，如图 5-5 所示。因此，工具坐标系的方向随腕部的移动而发生变化，与机器人的位置、姿势无关，机器人末端轨迹沿工具坐标系的 X 轴、Y 轴和 Z 轴方向运动。在进行相对于工件不改变工具姿势的平行移动操作时使用工具坐标系最为适宜。各轴具体的动作情况见表 5-3。

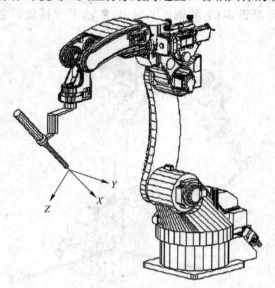

图 5-5　工具坐标系原点

表 5-3 工业机器人在工具坐标系下的各轴运动

轴类型	轴名称	动作说明	动作图示	轴类型	轴名称	动作说明	动作图示
主轴（基本轴）	X 轴	沿 X 轴平移		次轴（腕部轴）	Rx 轴	绕 X 轴旋转	
	Y 轴	沿 Y 轴平移			Ry 轴	绕 Y 轴旋转	
	Z 轴	沿 Z 轴平移			Rz 轴	绕 Z 轴旋转	

（3）工件（用户）坐标系

工件（用户）坐标系是用户根据工作方便的需要自行定义的坐标系，如图 5-6 所示，用户可根据需要定义多个坐标系。在工件坐标系下，机器人末端轨迹沿用户自定义的坐标轴方向运动。当机器人配备多个工作台时，使用工件坐标系能使示教操作更为简单。各轴具体的动作情况见表 5-4 所示。

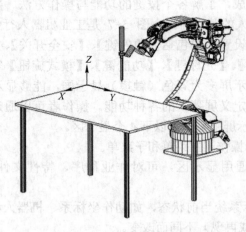

图 5-6　工件（用户）坐标系原点

表 5-4　工业机器人在工件坐标系下的各轴运动

轴类型	轴名称	动作说明	动作图示	轴类型	轴名称	动作说明	动作图示
主轴（基本轴）	X轴	沿X轴平移	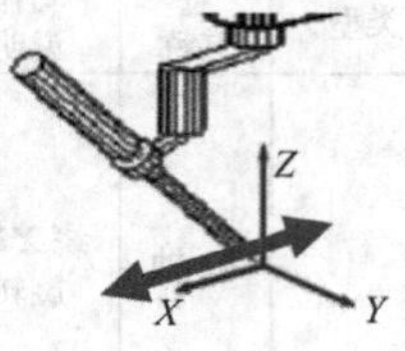	次轴（腕部轴）	Rx轴	绕X轴旋转	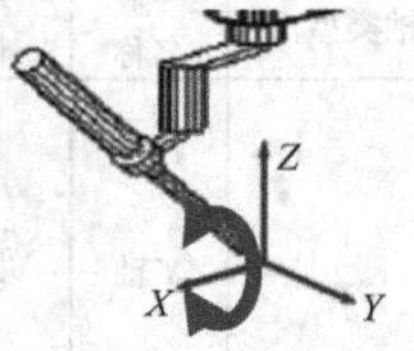
	Y轴	沿Y轴平移	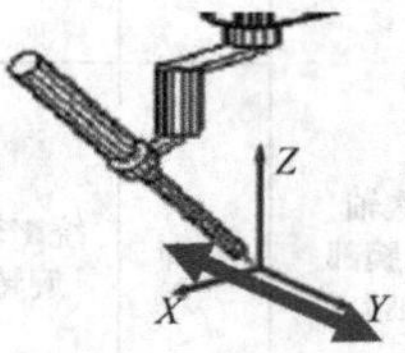		Ry轴	绕Y轴旋转	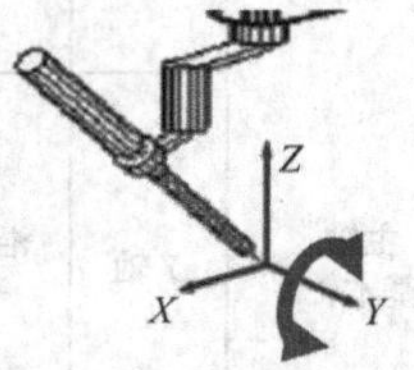
	Z轴	沿Z轴平移	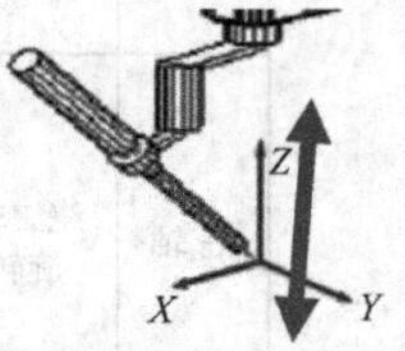		Rz轴	绕Z轴旋转	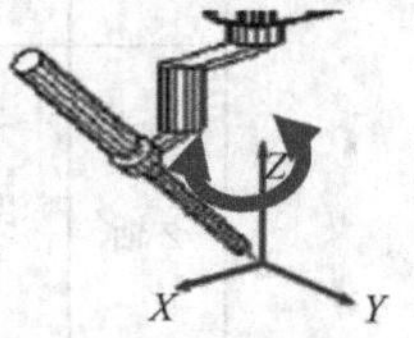

不同的机器人坐标系功能等同。机器人在关节坐标系下完成的动作，同样可以在直角坐标系下实现。

5.2　认识和使用示教器

工业机器人的所有在线操作和自动运行基本都是通过示教器来完成的，示教器主要由显示屏和各种操作按键组成，了解各个按键的功能与操作方法、熟悉如何在显示屏上操作则是使用示教器操作机器人的基本前提。图 5-7 是工业机器人行业四大家族的最新示教器产品实物图。示教器按键设置主要包括【急停键】、【安全开关】、【坐标选择键】、【轴操作键】/【Jog 键】、【速度键】、【光标键】、【功能键】、【模式旋钮】等，以上各按键的功能描述见表 5-5。示教器的显示屏多为彩色（触摸）显示屏，能够显示图像、数字、字母和符号，并提供一系列图标来定义屏幕上的各种功能。操作者可以通过按键，或用直接触摸屏幕的方法，选中对象。显示屏主要分为以下 4 个显示区。

1）菜单显示区：显示操作屏主菜单和子菜单。

2）通用显示区：在通用显示区，可对作业程序、特性文件、各种设定进行显示和编辑。

3）状态显示区：显示系统当前状态，如动作坐标系、机器人移动速度等。显示的信息根据控制柜的模式（示教或再现）不同而改变。

4）人机对话显示区：在机器人示教或自动运行过程中，显示功能图标以及系统错误信息等。

| ABB | KUKA | FANUC | YASKAWA |

图 5-7　工业机器人行业四巨头的最新示教器产品

表 5-5　示教器按键功能说明

序号	按键名称	按键功能
1	急停键	通过切断伺服电源立刻停止机器人和外部轴操作。 一旦按下，开关保持紧急停止状态。顺时针方向旋转解除紧急停止状态
2	安全开关	在操作时确保操作者的安全。 只有安全开关被按到适中位置，伺服电源才能接通，机器人方可动作。一旦松开或按紧，则切断伺服电源，机器人立即停止运动
3	坐标选择键	手动操作时，机器人的动作坐标选择键。 可在关节、直角、工具和工件等常见坐标系中选择。此键每按一次，坐标系变化一次
4	轴操作键	对机器人各轴进行操作的键。 只有按住轴操作键，机器人才可动作。可以按住两个或更多的键，操作多个轴
5	速度键	手动操作时，用这些键来调整机器人的运动速度
6	光标键	使用这些键在屏幕上按一定的方向移动光标
7	功能键	使用这些键可根据屏幕显示执行指定的功能和操作
8	模式旋钮	选择机器人控制柜的模式（示教模式、再现/自动模式、远程/遥控模式等）

下面以 ABB 机器人示教器为例进行介绍。

1. ABB 机器人示教器的组成

ABB 机器人示教器包括使能按钮、触摸屏、触摸笔、急停按钮、操纵杆和一些功能按钮，如图 5-8 所示。各部件的作用见表 5-6。示教器的功能按键如图 5-9 所示，其功能说明见表 5-7。

表 5-6　ABB 机器人示教器主要部件功能说明

标号	部件名称	说明
A	连接器	与机器人控制柜连接
B	触摸屏	机器人程序的显示和状态的显示
C	急停开关	紧急情况时拍下，使机器人停止
D	操纵杆	控制机器人的各种运动，如单轴运动、线性运动
E	USB 接口	数据备份与恢复用接口（可插 U 盘/移动硬盘等存储设备）
F	使能按钮	给机器人的各伺服电动机使能上电
G	触摸笔	与触摸屏配合使用
H	重置按钮	将示教器重置为出厂状态

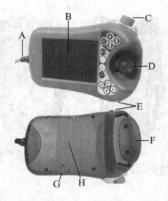
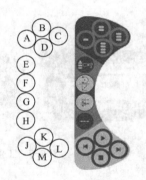

图 5-8　ABB 机器人示教器结构示意图　　　　图 5-9　ABB 机器人示教器的功能按键

表 5-7　ABB 机器人示教器按键的功能说明

标　号	说　明
A~D	预设按键，可以根据实际需求设定按键功能
E	选择机械单元（用于多机器人控制）
F	切换运动模式，机器人重定位或者线性运动
G	切换运动模式，实现机器人的单轴运动，轴 1~3 或轴 4~6
H	切换增量（增益）控制模式，开启或者关闭机器人增量运动
J	后退按键，使程序逆向运动，程序运行到上一条指令
K	启动按键，机器人正向连续运行整个程序
L	前进按键，使程序正向单步运行程序，按一次，执行一条指令
M	暂停按钮，机器人暂停运行程序

2. ABB 机器人示教器的手持方式

ABB 机器人示教器的手持方式如图 5-10 所示。用左手手持，4 指穿过张紧带，指头触摸使能按钮，掌心与大拇指握紧示教器。

图 5-10　ABB 机器人示教器的握姿

使能按钮是为保证操作人员人身安全而设计的。操作机器人示教器时，左手持设备，手指按住使能按钮不放。使能按钮分为两档，在手动状态下第一档按下去机器人将处于电动机开启状态，只有在按下使能按钮并保持在"电机开启"的状态才可以对机器人进行手动的操作和程序的调试。第二档按下时机器人会处于防护停止状态。当发生危险时（出于惊吓）人会本能地将使能按钮松开或按紧，这两种情况下机器人都会马上停下来，保证了人身与设备的安全。

5.3 工业机器人安全操作规程

5.3.1 在线示教安全操作

1）禁止用力摇晃机械臂及在机械臂上悬挂重物。

2）示教时请勿戴手套。穿戴和使用规定的工作服、安全鞋、安全帽、保护用具等。

3）未经许可不能擅自进入机器人所及的区域。调试人员进入机器人工作区域时，需要随身携带示教器，以防他人误操作。

4）示教前，需仔细确认示教器的安全保护装置是否能够正确工作，如【急停键】、【安全开关】等。

5）在手动操作机器人时，要采用较低的倍率速度以增加对机器人的控制机会。

6）在按下示教器上的【轴操作键】之前，要考虑到机器人的运动趋势。

7）要预先考虑好避让机器人的运动轨迹，并确认该路径不受干涉。

8）在察觉到有危险时，立即按下【急停键】，停止机器人运转。

5.3.2 再现和自动运行安全操作

1）机器人处于自动模式时，严禁进入机器人本体动作范围内。

2）在运行作业程序前，须知道机器人根据所编程序将要执行的全部任务。

3）使用由其他系统编制的作业程序时，要先跟踪一遍确认动作，之后再使用该程序。

4）须知道所有会左右机器人移动的开关、传感器和控制信号的位置和状态。

5）必须知道机器人控制器和外围控制设备上的【急停键】的位置，准备在紧急情况下按下这些按钮。

6）永远不要认为机器人没有移动，其程序就已经完成，此时机器人很可能是在等待让它继续移动的输入信号。

5.3.3 安全守则

1）万一发生火灾，请使用二氧化碳灭火器。

2）急停开关（E-Stop）不允许被短接。

3）在任何情况下，不要使用机器人原始启动盘，用复制盘。

4）机器人停机时，夹具上不应置物，必须空机。

5）机器人在发生意外或运行不正常等情况下，均可使用急停键，停止运行。

6）因为机器人在自动状态下，即使运行速度非常低，其动量仍很大，所以在进行编程、测试及维修等工作时，必须将机器人置于手动模式。

7）气路系统中的压力可达 0.6MPa，任何相关检修都要切断气源。

8）在手动模式下调试机器人，如果不需要移动机器人时，必须及时释放使能按钮。

9）在得到停电通知时，要预先关断机器人的主电源及气源。

10）突然停电后，要赶在来电之前预先关闭机器人的主电源开关，并及时取下夹具上的工件。

11）维修人员必须保管好机器人钥匙，严禁非授权人员在手动模式下进入机器人软件系统，随意翻阅或修改程序及参数。

12）严格执行生产现场 6S 管理规定和安全制度。

13）严格按照机器人的标准化操作流程进行操作，严禁违规操作。

5.3.4 现场作业产生的废弃物处理

1）现场服务产生的危险固体废弃物包括：废工业电池、废电路板、废润滑油、废油脂、粘油废棉丝或抹布、废油桶、损坏的零件、包装材料等。

2）现场作业产生的废弃物处理方法：

① 现场服务产生的损坏零件由公司现场服务人员或客户修复后再使用。

② 废包装材料，建议客户交回收公司回收再利用。

③ 现场服务产生的废工业电池和废电路板，由公司现场服务人员带回后交还供应商，或由客户保管，在购买新电池时作为交换物。

④ 废润滑油、废润滑脂、废油桶、粘油废棉丝和抹布等，分类收集后交给专业公司处理。

5.4 手动移动工业机器人

5.4.1 机器人系统的启动和关闭

1. 机器人系统的启动

在确认机器人工作空间内无人后，合上机器人控制柜上的电源主开关，系统自动检查硬件。检查完成后若没有发现故障，启动系统。正常启动后，机器人系统通常保持最后一次关闭电源时的状态，且程序指引位置保持不变，全部数字输出都保持断电以前的值或者置为系统参数指定的值，原有程序可以立即执行。

2. 机器人系统的关闭

关闭机器人系统需要关闭控制柜上的主电源开关。当机器人系统关闭时，所有数字输出都将被置为 0，这会影响到机器人的手爪和外围设备。因此，在关闭机器人系统之前，首先要检查是否有人处于工作区域内，以及设备是否运行，以免发生意外。如果有程序正在运行或者手爪夹持有工件，则要先示教器上的停止按钮使程序停止运行并使手爪释放工件，然后再关闭主电源开关。

5.4.2 移动方式

机器人系统启动后，在按下示教器上的使能按钮给机器人各轴的伺服电动机上电后，就可以通过推动摇杆来控制机器人的运动。摇杆可以控制机器人分别在 3 个方向上运动，也可以控制机器人在 3 个方向上同时运动。机器人的运动速度与摇杆的偏转量成正比，偏转量越大，机器人的运动速度越快，但最高速度不会超过 250mm/s。

除在自动模式下，机器人各轴伺服电动机没有上电或正在执行程序时不能手动操纵机器人之外，无论打开何种窗口，都可以用摇杆来操纵机器人。

1. 选择运动单元及运动方式

对机器人进行手动操纵时，首先要明确选择运动单元及运动方式。机器人系统可能不仅由机器人本体单独构成，可能还包含其他的机械单元，如外部轴（变位机等），也可以被选为运动单元进行单独操作。每个运动单元都有一个标志或名字，这个名字在系统设定时已经进行定义。

ABB 机器人具有线性运动、重定位运动和单轴运动 3 种运动方式。

（1）线性运动

大多数情况下，选择从点移动到点时，机器人的运行轨迹为直线，所以称为直线运动，也称为线性运动。其特点是焊枪（或工件）姿态保持不变，只是位置改变。

（2）重定位运动

重定位运动方式是工件姿态改变，而位置保持不变。

（3）单轴运动

通过摇杆控制机器人单轴运动。

工业机器人的移动可以是单步的，也可以是连续的；可以实现单轴单步运动，也可以实现多轴协调运动，需根据工作实际综合考虑。所有的这些运动均通过操作示教器来实现。

2．点动

点动机器人就是通过点按/微动【轴操作键】来移动机器人手臂。每点按或微动【轴操作键】一次，机器人移动一段距离。点动机器人主要用在示教时离目标位置较近的场合或初期操作的用户，如图 5-11 所示。

3．连续移动

连续移动机器人则是通过长按/拨动【轴操作键】来移动机器人手臂。连续移动机器人主要用在示教时离目标位置较远的场合，如图 5-12 所示。

 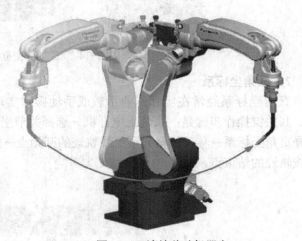

图 5-11　点动机器人　　　　　　　　图 5-12　连续移动机器人

5.4.3　典型坐标系下的手动操作

1．关节坐标系

关节坐标系经常用在机器人双工位操作，如图 5-13 和 5-14 所示，实现机器人由 A 工位运动到 B 工位。其关键操作步骤是：系统上电开机→A 工位机器人手动示教→选择关节坐标系→移动机器人到 B 工位/旋转回转机→B 工位机器人手动示教。

图 5-13　双工位操作

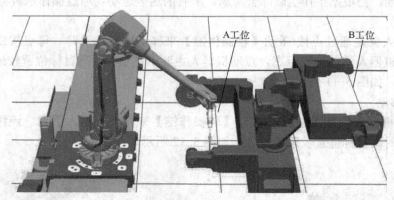

图 5-14　双工位+变位机操作

2.直角坐标系

直角坐标系经常在实际作业示教或手动操作实现直线轨迹运动时使用,如图 5-15 所示。其关键操作步骤是:系统上电开机→选择关节坐标系→变换末端工具姿态至作业姿态→选择直角坐标系→移动机器人至直线轨迹的开始点→选择直角坐标系的 Y 轴→移动机器人至直线轨迹的结束点。

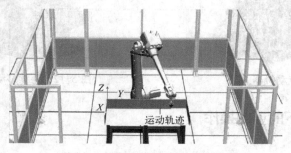

图 5-15　机器人直线运动轨迹

3.工具坐标系

机器人作业运动轨迹示教完毕后,为防止末端工具与工件、夹具等发生碰撞,通常需要将末端工具保持作业姿态而离开作业结束点，如图 5-16 所示，类似这种不改变工具姿态的操作均可选择在工具坐标系下操作。其关键操作步骤是：系统上电开机→选择直角坐标系→移动机器人到作业轨迹的结束点→选择工具坐标系的 X 轴→移动机器人到一个安全位置。

图 5-16　末端工具规避动作

需要注意的是，手动操作机器人移动时，机器人运动数据将不被保存。

5.4.4　六自由度工业机器人奇异点

在机器人逆运动学中，当末端位于奇异点时，一个末端位置会对应无限多组解，起因于运动学中使用 Jacobian（雅可比）矩阵来转换机器人各关节转角矢量及机械手臂末端的关系，当机械手臂中的两轴共线时，矩阵内并非完全线性独立，造成 Jacobian 矩阵的秩（Rank）减少，其行列式值（Determinant）为零，使得 Jacabian 矩阵无反函数，逆运动学无法运算，是为奇异点发生处。当机械手臂进行线性运动模式（Linear Mode），系统并未事先计算好过程中的手臂姿态（Configuration），倘若在运动过程中遇到奇异点，则会造成机械手臂卡住或提示错误。

以第一次世界大战中坐在老式双翼飞机后座的机枪手为例。当在前座舱中的驾驶员控制飞机飞行时，后座舱的机枪手负责射击敌人。为了完成这项任务，后座舱机枪被安装在有两个旋转自由度的机构上，这两个自由度分别称为方位角和仰角，如图 5-17 所示。通过这两个运动，机枪手可以直接射击上半球中任何方向的目标。

图 5-17　方位角与仰角

当一架敌机出现在方位角 15°、仰角 70° 的地方，机枪手瞄准敌机并开始向其开火。敌机迅速躲避，相对于机枪手的飞机仰角越来越大。很快，敌机飞过机枪手的正上方。当敌机飞过机枪手的正上方时，机枪手需要快速地改变机枪的方位角，但是他并不能以如此快速的动作改变方位角，因而致使敌机逃掉了。

最终幸运的敌机飞行员因为机枪机构的奇异点而获救。机枪的定位机构尽管在绝大部分操作范围内都能工作良好，但当机枪竖直向上或者接近这个方位时，它的工作就越来越不理想。为了跟踪穿过飞机正上方的目标，机枪手需要使枪以非常快的速度绕着方位轴转动。实际上，任何一个只有两个转动关节的两自由度定位机构都不能避免这个问题，例如机枪竖直向上射击时，机枪的方向与方位角转轴共线。也就是说，当处于这一点时，其中一个转动关节失效了，在这个位置，该机构发生了局部退化，就像失去一个自由度一样（仅有仰角）。这种现象是由机构奇异性造成的，所有的机械装置都会有这种问题，包括机器人，当机器人手臂末端接近奇异点时，微小的位移变化量就会导致某些轴的角度产生剧烈变化，产生近似无限大的角速度。

1. 常见奇异点的发生位置

机器人的奇异点与机械手臂姿态有关，六轴机械手臂的奇异点常见的发生位置有以下三个。

（1）腕关节奇异点位置

当第 4 轴与第 6 轴共线，如图 5-18 所示，会造成系统尝试将第 4 轴与第 6 轴瞬间旋转 180°。

（2）肩关节奇异点位置

当第 1 轴与腕关节中心 C 点（第 5 轴与第 6 轴之交点）共线，如图 5-19 所示，会造成系统尝试将第 1 轴与第 4 轴瞬间旋转 180°。此类型有个特殊的情况，当第 1 轴与腕关节中心共线，且与第 6 轴共线时，会造成系统尝试第 1 轴与第 6 轴瞬间旋转 180°。

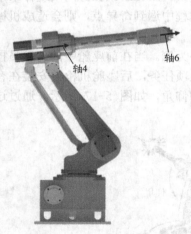

图 5-18　腕关节奇异点位置　　　　　　　　图 5-19　肩关节奇异点位置

（3）肘关节奇异点位置

当腕关节中心 C 点与第 2 轴、第 3 轴共平面时，会造成肘关节卡住，像是被锁住一般，无法再移动。

2. 如何避免奇异点

理论上，机械手臂到达奇异点时角速度无限大，为避免损坏，机器人制造商已在机器人的底层控制程序里加入了安全算法，当速度过快时机械手臂停止，并产生错误提示信息。使用者也可以限制机械手臂经过奇异点附近时的速度，使其缓慢地通过，避免停机。

在 ABB 机械手臂控制器中，当第 5 轴角度为 0°，即第 4 轴与第 6 轴共线时，会出现错误提示信息，机械手臂自动停止运动，可通过以下方法来避免奇异点问题。

（1）增加目标点，调整姿态，避免第 5 轴角度出现 0°的情况，这也是有时机械手臂运行时会有一些无法预期的动作的原因。

（2）修改 MOVEL 指令为 MOVEJ 指令，在非必须以直线运动的工作需求下，使用关节运动取代直线运动，以 MOVEJ 指令可使机械手臂自主调整姿态，避免运行至奇异点附近。

（3）当机械手臂运动到奇异点或者其附近，系统提示"靠近奇异点"，机械手臂自动停止移动时，可将机器人调至关节坐标系下，通过将第 5 轴的转角单独调为非零数值，使第 4轴和第 6 轴解除共轴关系。

5.5 工业机器人工具坐标系与工件坐标系的标定

5.5.1 工具坐标系标定方法

机器人工具坐标系的标定是指将工具中心点（TCP）的位姿告诉机器人，指出它与末端关节坐标系的关系。目前，机器人工具坐标系的标定方法主要有外部基准标定法和多点标定法。

1．外部基准标定法

只需要使工具对准某一测定好的外部基准点，便可完成标定，标定过程快捷简便。但这类标定方法依赖于机器人外部基准。

2．多点标定法

大多数工业机器人都具备工具坐标系多点标定功能。这类标定包含工具中心点（TCP）位置多点标定和工具坐标系（TCF）姿态多点标定。TCP 位置标定是使几个标定点 TCP 位置重合，如图 5-20 所示，从而计算出 TCP，即工具坐标系原点相对于末端关节坐标系的位置，如四点法；而 TCF 姿态标定是使几个标定点之间具有特殊的方位关系，从而计算出工具坐标系相对于末端关节坐标系的姿态，如五点法（在四点法的基础上，除能确定工具坐标系的位置外，还能确定工具坐标系的 Z 轴方向）、六点法（在四点、五点法的基础上，能确定工具坐标系的位置和工具坐标系 XYZ 三轴的姿态）。

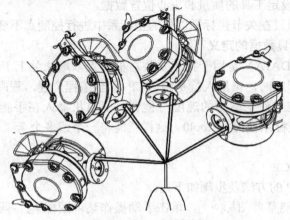

图 5-20　TCP 标定过程

TCP 六点法操作步骤：

1）在机器人动作范围内找一个精确的固定点作为参考点；

2）在工具上确定一个参考点（最好是工具中心点 TCP）；

3）按之前介绍的手动操纵机器人的方法移动工具参考点，以四种不同的工具姿态尽可能与固定点刚好碰上。第四点是用工具的参考点垂直于固定点，第五点是工具参考点从固定点向将要没定的 TCP 的 X 方向移动，第六点是工具参考点从固定点向将要设定的 TCP 的 Z 方向移动，如图 5-21 所示；

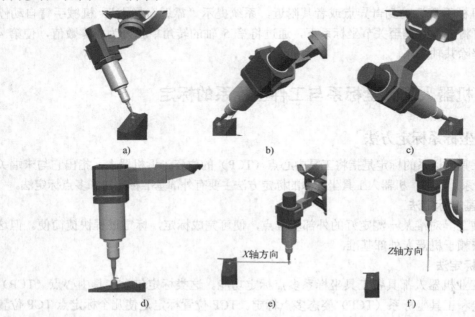

图 5-21　TCP 标定过程

a) 位置点 1　b) 位置点 2　c) 位置点 3　d) 位置点 4　e) 位置点 5　f) 位置点 6

4）机器人控制柜通过前 4 个点的位置数据即可计算出 TCP 的位置，通过后 2 个点即可确定 TCP 的姿态；

5）根据实际情况设定工具的质量和重心位置数据。

TCP 标定后，可通过在关节坐标系以外的坐标系中进行控制点不变动作检验标定效果。

3．ABB 机器人工具数据的定义

工具数据（TOOLDATA）是用于描述安装在机器人末端法兰上工具的 TCP、重量、重心等参数数据。执行程序时，机器人就是将 TCP 移至编程位置，程序中所描述的速度与位置就是 TCP 点在对应工件坐标系的速度与位置。所有机器人在手腕都有一个预定义（默认）工具坐标系，该坐标系被称为 tool0。这样就能将一个或多个新工具坐标系定义为 tool0 的偏移值。

（1）四点法设定 TCP

用四点法设定 TCP 的方法及步骤如下：

1）单击示教器功能菜单图标▤∨，单击手动操作菜单图标𝟛，再单击工具坐标菜单，进入工具设定界面，如图 5-22 所示。

2）单击如图 5-23 所示左下角的"新建"菜单，进入工具初始值参数设置界面，如图 5-24 所示，再单击图标 ┅ ，设置工具名称为"hanqiang"，然后单击"初始值"菜单，进入图 5-25。

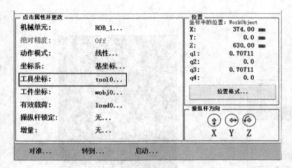

图 5-22　工具设定界面

图 5-23　新建工具名称界面

图 5-24　工具初始值参数设置界面

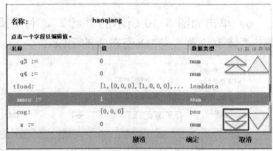

图 5-25　工具的重量"mass"值的设定

这里需要设定的参数有两个，一个是工具的重量"mass"值，单位为 kg，另一个是工具相对于 6 轴法兰盘中心的重心偏移"cog"值，包括 X、Y、Z 三个方向的偏移值，单位为 mm。

3）单击如图 5-25 所示的往下图标 ▽，找到"mass"图标，单击键入工具重量值，这里输入 1。找到"cog"图标，在"cog"值中，要求 X、Y、Z 的三个数值不同时为零，这里 X 偏移值键入 10，如图 5-26 所示，再单击两次确定，回到工具设定界面。

4）单击工具名称为"hanqiang"的项目，然后单击"编辑"菜单，再单击"定义"菜单，进入工具定义界面，如图 5-27 所示。

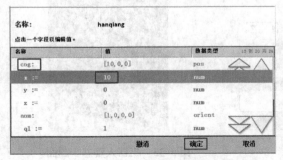

图 5-26　工具的重心偏移"cog"值的设定

图 5-27　进入工具定义界面

5）采用默认的四点法建立焊枪 TCP。单击如图 5-28 所示的"点 1"，利用操纵杆运行机器人，使焊枪的枪嘴与 TCP 定位器的尖端相碰，如图 5-29 所示，然后单击"修改位置"，完成机器人姿态 1 的记录。

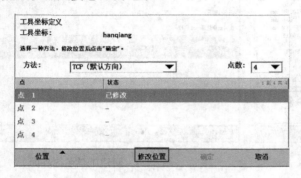

图 5-28 "点 1"修改位置界面

图 5-29 机器人姿态 1 画面

6）单击如图 5-30 所示的"点 2"，利用操纵杆改变机器人姿态，如图 5-31 所示，然后单击"修改位置"，完成姿态 2 的记录。

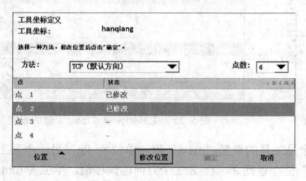

图 5-30 "点 2"修改位置界面

图 5-31 机器人姿态 2 画面

7）单击如图 5-32 所示的"点 3"，利用操纵杆改变机器人姿态，如图 5-33 所示，然后单击"修改位置"，完成姿态 3 的记录。

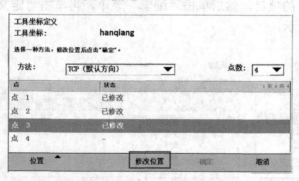

图 5-32 "点 3"修改位置界面

图 5-33 机器人姿态 3 画面

8）单击如图 5-34 所示的"点 4"，利用操纵杆改变机器人姿态，如图 5-35 所示，然后单击"修改位置"，完成姿态 4 的记录。

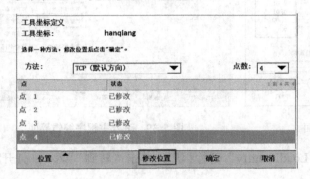

图 5-34 "点 4"修改位置界面　　　　　　　　图 5-35 机器人姿态 4 画面

9）单击确定并保存修改好的四个点，完成焊枪 TCP 的建立。

（2）重定位测试工具中心点

重定位测试工具中心点的方法及步骤如下：

1）单击功能菜单按钮 ≡∨，单击手动操作菜单图标 🖐，再单击工具坐标菜单，进入工具设定界面。

2）单击如图 5-36 所示画面中的工具名称为"hanqiang"的项目，单击确定。然后按下 🔲 按键，动作模式变为重定位，如图 5-37 所示。按下示教器后面的使能按钮，操作操纵杆，可以看到焊枪的枪嘴固定不动，焊枪绕着尖端改变姿态，说明 TCP 建立成功。

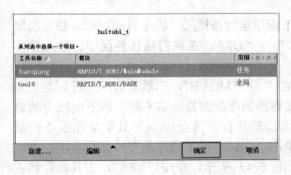

图 5-36 选择"hanqiang"工具画面　　　　　　图 5-37 重定位模式选择画面

（3）自动识别工具的重量和重心

ABB 机器人提供了自动识别工具的重量和重心的功能，通过调用 LoadIdentify 程序即可实现。具体操作步骤如下：

1）安装好焊枪并新建完"hanqiang"工具后，在工具坐标中选中该工具，按下按键 🔲，机器人进入单轴运动模式，利用操纵杆使机器人 6 个轴运动到接近 0°的位置，准备工作完成，如图 5-38 所示。

2）在主菜单页面，单击"程序编辑器"，进入主程序编辑界面，单击"调试"菜单，再单击"调用例行程序"，如图 5-39 所示。

图 5-38 进入单轴运动模式界面

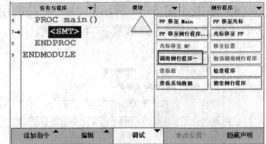

图 5-39 进入主程序编辑界面

3）单击选中如图 5-40 所示的"LoadIdentify"例行程序，单击"转到"菜单，打开该程序，如图 5-41 所示。

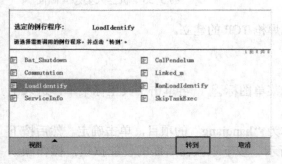

图 5-40 选定的例行程序界面

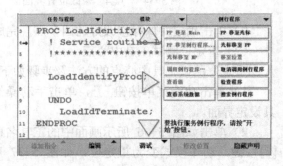

图 5-41 例行程序打开后界面

4）按住示教器后面的使能按钮，然后按下程序运行按键，程序自动运行。然后按照英文提示依次单击"OK"→"Tool"→"OK"→"OK"。在载荷确认界面中，输入数字2，单击"确定"，如图 5-42 所示。

5）单击"-90"或者"+90"，再单击"YES"→"MOVE"，示教器自动运行到改变运行模块界面。此时，将机器人控制柜上面模式切换钥匙旋到自动状态，按下伺服电动机上电按钮，再按下程序运行按钮，机器人自动运行，直至完成工具重量和重心的测量，再将机器人运行模式切换到手动运行，单击"OK"，按下程序运行按钮程序，可以在示教器上看到工具重量数据和重心数据，如图 5-43 所示，单击"YES"，工具重量和重心将自动更新。

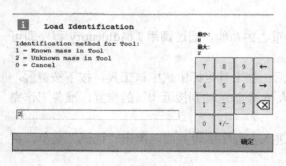

图 5-42 载荷确认界面

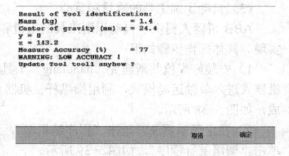

图 5-43 工具重量数据和重心数据

5.5.2　工件（用户）坐标系标定方法

工件坐标是用来描述工件位置的坐标系。工件坐标由两个框架构成：用户框架和对象框架。所有的编程位置将与对象框架关联，对象框架与用户框架关联，而用户框架与世界坐标系关联。如图 5-44 所示，灰色的坐标系为世界坐标系，黑色部分为工件的用户框架。这里的用户框架定位在工作台或固定装置上，工件坐标定位在工件上。

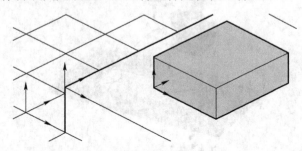

图 5-44　工件坐标系

建立工件坐标系的方法：主菜单→程序数据→工件坐标系→新建→名称→定义工件坐标系。

定义工件坐标系有如下两种方法：

1）直接输入坐标值，即 X、Y、Z 的值。

2）示教法：编辑→定义→第一点→第二、三点（三点不在同一条直线上即可）。

5.6　习题

一、填空题

1．通常机器人运动轴按其功能可划分为_____、_____和_____，_____和_____统称为外部轴。

2．ABB 机器人具有_____、_____和_____3 种运动方式。

3．常见奇异点的发生位置有_____、_____和_____。

二、判断题

1．六自由度工业机器人工具坐标系的原点一般是在第六轴法兰盘的圆心。（　　）

2．进行相对于工件不改变工具姿势的平行移动操作时选择关节坐标系最为适宜。（　　）

3．对于 ABB 机器人，除在自动模式下，各轴伺服电动机没有上电或正在执行程序时不能手动操纵机器人之外，无论打开何种窗口，都可以用摇杆来操纵机器人。（　　）

4．当机器人手臂末端接近奇异点时，微小的位移变化量就会导致某些轴的角度产生剧烈变化，产生近似无限大的角速度。（　　）

三、简答题

1．简述机器人的安全操作规程。

2．如何手动控制机器人运动？

3．机器人的坐标系有哪几种？各在什么情况下使用？

4. 使用示教器按图 5-45 所示路径（A→B→C→ D→E→F→A）移动机器人，简述其操作过程，并填写表 5-6（请在相应选项下打"√"）。

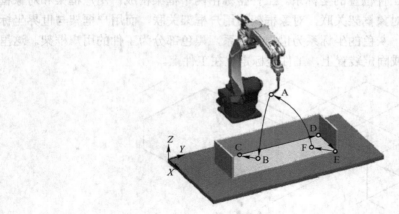

图 5-45　题 4 图

表 5-6　手动移动机器人要领

位　　置	移动方式		机器人坐标系			
	点动	连续移动	关节	机座	工具	工件
A→B						
B→C						
C→D						
D→E						
E→F						
F→A						

第 6 章 码垛机器人及其技术应用

教学目标

1. 了解码垛机器人的分类及特点。
2. 掌握码垛机器人的系统组成及其功能。
3. 熟悉码垛机器人作业示教基本流程。
4. 熟悉码垛机器人周边设备。
5. 能够进行 ABB 码垛机器人的简单作业示教。

码垛机器人的出现，不仅可改善劳动环境，而且对减轻劳动强度，保证人身安全，降低能耗，减少辅助设备资源，提高劳动生产率等方面具有重要意义。本章着重对码垛机器人的特点、基本系统组成、周边设备和作业程序进行介绍，并结合实例说明 ABB 码垛机器人码垛作业示教的基本要领和注意事项，旨在加深大家对码垛机器人及其作业示教的认知。

6.1 码垛机器人的分类及特点

1. 码垛机器人的分类

码垛机器人的作业一般分为搬运和码垛两过程，在这里主要介绍码垛过程。在实际生产当中，码垛机器人多为四轴且多数带有辅助连杆，连杆主要起到增加力矩和平衡的作用。码垛机器人多不能进行横向或纵向移动，安装在物流线末端，常见的码垛机器人结构多为关节式码垛机器人、摆臂式码垛机器人和龙门式码垛机器人，如图 6-1 所示。

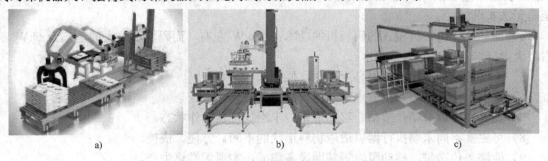

图 6-1　码垛机器人

a) 关节式码垛机器人　b) 摆臂式码垛机器人　c) 龙门式码垛机器人

（1）关节式码垛机器人

关节式码垛机器人是当今工业产业中常见的机型之一，其拥有 5～6 个轴，行为动作类似于人的手臂，具有结构紧凑、占地空间小、相对工作空间大、自由度高等特点，适合于几乎任何轨迹或角度的工作。

（2）摆臂式码垛机器人

其坐标系主要由 X 轴、Y 轴和 Z 轴组成。Z 轴主要是升降，也称为主轴。Y 轴的移动主要通过外加滑轨，X 轴末端连接控制器，可绕 X 轴转动，实现 4 轴联动。广泛应用于国内外生产厂家，是关节式机器人的理想替代品，但其负载程度相对于关节式机器人小。

（3）龙门式码垛机器人

其坐标系主要由 X 轴、Y 轴和 Z 轴组成。多采用模块化结构，可依据负载位置、大小等选择对应直线运动单元及组合结构形式，可实现大物料、重吨位搬运和码垛，采用直角坐标系，编程方便快捷，广泛应用于生产线转运及机床上下料等大批量生产过程。

码垛机器人具有作业高效、码垛稳定等优点，解放工人繁重体力劳动，已在各个行业的包装物流线中发挥强大作用。其主要有如下优点。

1）占地面积少，动作范围大，减少资源浪费。

2）能耗低，降低运行成本。

3）提高生产效率，解放繁重体力劳动，实现"无人"或"少人"码垛。

4）改善工人劳作条件，摆脱有毒、有害环境。

5）柔性高、适应性强，可实现不同物料码垛。

6）定位准确，稳定性高。

2. 码垛机器人的特点

关节式码垛机器人、摆臂式码垛机器人和龙门式码垛机器人在实际运用中都有如下特性。

1）结构简单、零部件少。因此零部件的故障率低、性能可靠、保养维修简单、所需库存零部件少。

2）占地面积少。有利于客户厂房中生产线的布置，并可留出较大的库房面积。码垛机器人设置在狭窄的空间，即可有效的使用。

3）适应性强。当客户产品的尺寸、体积、形状及托盘的外形尺寸发生变化时，只需在触摸屏上稍做修改即可，不会影响客户的正常的生产。而机械式的码垛机更改相当的麻烦甚至是无法实现的。

4）能耗低。通常机械式的码垛机的功率在 26kW 左右，而码垛机器人的功率为 5kW 左右。大大降低了客户的运行成本。

5）全部控制可在控制柜屏幕上操作，操作非常简单。

6）只需定位抓起点和摆放点，示教方法简单易懂。

7）能够实时调节动作节拍、移动速率、末端执行器动作状态。

8）可更换不同末端执行器以适应物料形状的不同，方便、快捷。

9）能够与传送带、移动滑轨等辅助设备集成，实现柔性化生产。

6.2 码垛机器人的系统组成

码垛机器人，需要与相应的附属装置、周边设备组合形成一套完整的系统，才能够完成码垛工作。码垛机器人主要有操作机、控制系统、码垛系统（气体发生装置、液压发生装置）和安全保护装置组成，如图 6-2 所示。按不同的物料包装、堆垛顺序层数等要求进行参数设置，实现不同类型包装物料的码垛作业。操作人员通过示教器或控制面板进行码垛机器人的运动轨迹和动作程序示教，设定技术参数。

图 6-2　码垛机器人系统组成

1—机器人控制柜　2—示教器　3—气体发生装置　4—真空发生装置　5—操作机　6—抓取式手爪　7—底座

关节式码垛机器人常见本体多为 4 轴，亦有 5、6 轴码垛机器人，但在实际包装码垛物流线中，5、6 轴码垛机器人相对较少。码垛主要在物流线末端进行，码垛机器人安装在底座（或固定座）上，其位置的高低由生产线高度、托盘高度及码垛层数共同决定，多数情况下，码垛精度的要求没有机床上下料搬运精度高。图 6-3 所示为 ABB、KUKA、FANUC、YASKAWA 四巨头相应的码垛机器人本体结构。

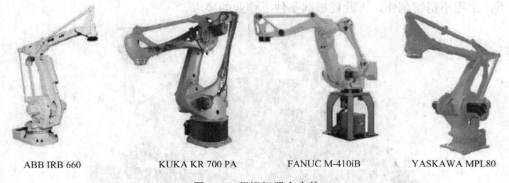

ABB IRB 660　　　　KUKA KR 700 PA　　　FANUC M-410iB　　　YASKAWA MPL80

图 6-3　码垛机器人本体

码垛机器人的末端执行器是夹持物品移动的一种装置，常见形式有吸附式、夹板式、抓取式、组合式。

1. 吸附式手爪

在码垛中，吸附式末端执行器主要为气吸附。广泛应用于医药、食品、烟酒等行业。有关吸附式手爪的原理、特点可参考第 2 章相关部分，不再赘述。

2. 夹板式手爪

夹板式手爪是码垛过程中最常用的一类手爪，常见的夹板式手爪有单板式和双板式，如图 6-4 所示。手爪主要用于整箱或规则盒码垛，可用于各行各业。夹板式手爪夹持力度比吸附式手爪大，可一次码一箱（盒）或多箱（盒），并且两侧板光滑，不会损伤码垛产品外观质量。单板式与双板式的侧板一般都会有可旋转爪钩，需单独机构控制，工作状态下爪钩与侧板成90°，起到撑托物件防止在高速运动中物料脱落的作用。

图6-4　夹板式手爪

3．抓取式手爪

抓取式手爪可灵活适应不同形状和内含物（如大米、沙砾、塑料、水泥、化肥等）物料袋的码垛。图6-5所示为ABB公司配套IRB460和IRB660码垛机器人专用的即插即用抓取式手爪，采用不锈钢制作，可胜任极端条件下作业的要求。

图6-5　抓取式手爪

4．组合式手爪

组合式是通过组合以获得各单组手爪优势的一种手爪，灵活性较大，各单组手爪之间既可单独使用又可配合使用，可同时满足多个工位的码垛，图6-6所示为ABB公司配套IRB460和IRB660码垛机器人专用的即插即用FlexGripper组合式手爪。

图 6-6 组合式手爪

码垛机器人的手爪动作需要单独的外力进行驱动，需要相匹配的外部信号控制装置及传感系统，以控制码垛机器人手爪实时的动作状态及力的大小，其手爪驱动方式多为气动和液压驱动。通常在保证相同夹紧力情况下，气动比液压负载轻、卫生、成本低、易获取，故实际码垛中以压缩空气为驱动力的居多。

码垛机器人主要由机器人和码垛系统组成。机器人由机器人本体及完成码垛排列控制的控制柜组成。码垛系统中末端执行器主要有吸附式、夹板式、抓取式和组合式等形式。按功能划分为进袋、转向、排袋、积袋、抓袋码垛、托盘库以及相应的控制系统等机构。

1）进袋机构。采用输送机完成码垛机供袋任务。

2）转向机构。按设定程序对包装袋作转向编排。

3）排袋机构。采用输送机将编排好的包装袋送至积袋机构。

4）积袋机构。采用输送机集中编排好的包装袋。

5）抓袋码垛机构。采用机器人码垛机构完成码垛作业。

6）托盘库。成叠的托盘由叉车送入，按程序逐个排放至托盘辊道输送机，有规律地向码垛工序供应空托盘，达到规定层数的成垛托盘，由辊道输送机输送至成垛托盘，最后由叉车取出送至仓库贮存，系统采用可程序控器（PLC）控制。

6.3 码垛机器人的作业示教

码垛是生产制造业必不可少的环节，是将形状基本一致的产品按一定的要求堆叠起来。码垛机器人的功能是把料袋或者料箱一层一层码到托盘上，在包装物流运输行业中尤为广泛，码垛机器人在物流生产线末端取代人工或码垛机完成工件的自动码垛，主要应用在大批、重复性强或是工作环境具有高温、粉尘等条件恶劣的场合，具有定位精确、码垛质量稳定、工作节拍可调、运行平稳可靠、速度快、效率高、维修方便等特点。ABB 公司推出全球最快码垛机器人 IRB-460，操作节拍可到达每小时 2190 次，运行速度比常规机器人提升 15%，作业覆盖范围达到 2.4m，占地面积比一般码垛机器人节省 20%。

1. TCP 确定

工业机器人作业示教的一项重要内容，即确定各程序点处工具中心点（TCP）的位姿。

码垛机器人末端执行器不同，TCP 位置也不尽相同。吸附式手爪，其 TCP 一般设在法兰中心线与吸盘所在平面交点的连线上并延伸一段距离，距离的长短依据吸附场料高度确定，如图 6-7a 所示，生产再现如图 6-7b 所示；夹板式和抓取式手爪的 TCP 一般设在法兰中心线与手前端面交点处，抓取式如图 6-8a 所示，生产再现如图 6-8b 所示；而组合式手爪 TCP 设定点需依据起主要作用的手爪确定。

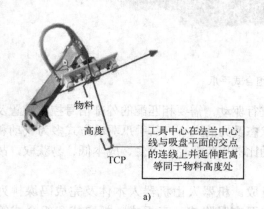

图 6-7 吸附式手爪 TCP 点及生产再现

a) 吸盘式 TCP b) 生产再现

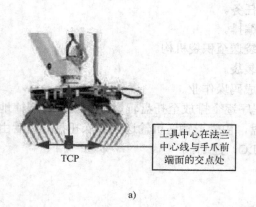

图 6-8 抓取式手爪 TCP 点及生产再现

a) 抓取式 TCP b) 生产再现

2．码垛作业示教

码垛机器人依据码垛产品形状、重量等因素确定末端执行器的不同形式。以图 6-9 所示的工件码垛为例，选择关节式（四轴）码垛机器人，末端执行器为抓取式，采用在线示教方式为机器人输入码垛作业程序，以 A 垛 I 位置码垛为例，阐述码垛作业编程，A 垛的 II、III、IV、V 位置可按照 I 位置操作类似进行。此程序由编号 1～8 的 8 个程序点组成，每个程序点的用途说明见表 6-1。具体作业编程可参照图 6-10 所示流程开展。本程序以 ABB 码垛机器人为例。

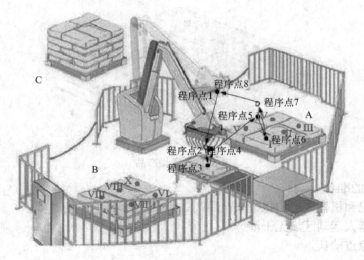

图 6-9　码垛机器人运动轨迹图例

表 6-1　程序点说明

程 序 点	说 明	手爪动作	程 序 点	说 明	手爪动作
程序点 1	机器人原点		程序点 5	码垛中间点	抓取
程序点 2	码垛临近点		程序点 6	码垛作业点	放置
程序点 3	码垛作业点	抓取	程序点 7	码垛规避点	
程序点 4	码垛中间点	抓取	程序点 8	机器人原点	

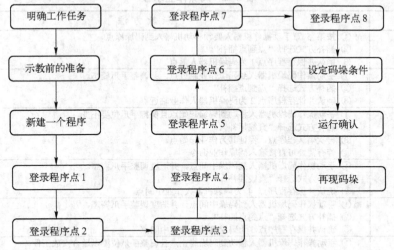

图 6-10　码垛机器人作业示教流程

（1）明确工作任务

物料外观尺寸为：1500mm × 1000mm × 40mm，托盘尺寸为：3000mm × 2500mm × 20mm，码垛形式如图 6-11 所示，为保证码垛质量的稳定性，实际生产中，常采用"3—2"加"2—3"码垛形式，如图 6-9 中的 C 垛所示。

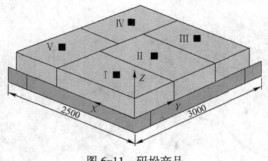

图 6-11 码垛产品

（2）示教前的准备

1）确认自己和机器人之间保持安全距离。

2）确认机器人运动区域无干涉。

3）机器人原点确认。

4）安全确认。

（3）新建作业程序点

按示教器的相关菜单或按钮，新建一个作业程序。步骤：单击编程窗口→File→New，进入文件编辑窗口，输入文件名，单击确定进入指令编辑窗口。

（4）程序点的输入

在示教模式下，手动操作移动关节式码垛机器人按图 6-9 轨迹设定程序点 1 至程序点 8（程序点 1 和程序点 8 设置在同一点可提高作业效率），此外程序点 1 至程序点 8 需处于与工件、夹具互不干涉的位置，具体示教方法可参照表 6-2。

表 6-2 码垛作业示教

程 序 点	示 教 方 法
程序点 1 （机器人原点）	① 按第 5 章手动操作机器人要领移动机器人到码垛原点。 ② 插补方式选择"点到点插补"。 ③ 确认并保存程序点 1 为码垛机器人原点
程序点 2 （码垛临近点）	① 手动操作码垛机器人到码垛作业临近点，并调整手爪姿态。 ② 插补方式选择"点到点插补"。 ③ 确认并保存程序点 2 为码垛机器人作业临近点
程序点 3 （码垛作业点）	① 手动操作码垛机器人移动到码垛起始点且保持手爪位姿不变。 ② 插补方式选择"直线插补"。 ③ 再次确认程序点，保证其为作业起始点。 ④ 若有需要可直接输入码垛作业命令
程序点 4 （码垛中间点）	① 手动操作码垛机器人到码垛中间点，并适度调整手爪姿态。 ② 插补方式选择"直线插补"。 ③ 确认并保存程序点 4 为码垛机器人作业中间点
程序点 5 （码垛中间点）	① 手动操作码垛机器人到码垛中间点，并适度调整手爪姿态。 ② 插补方式选择"点到点插补"。 ③ 确认并保存程序点 5 为码垛机器人作业中间点
程序点 6 （码垛作业点）	① 手动操作码垛机器人移动到码垛终止点且调整手爪位姿以适合安放工件。 ② 插补方式选择"直线插补"。 ③ 再次确认程序点，保证其为作业终止点。 ④ 若有需要可直接输入码垛作业命令
程序点 7 （码垛规避点）	① 手动操作码垛机器人到码垛作业规避点。 ② 插补方式选择"直线插补"。 ③ 确认并保存程序点 7 为码垛机器人作业规避点
程序点 8 （机器人原点）	① 手动操作码垛机器人到机器人原点。 ② 插补方式选择"点到点插补"。 ③ 确认并保存程序点 8 为码垛机器人原点

（5）设定作业条件

本例中码垛作业条件的输入主要是码垛参数的设定，包括：TCP 设定、物料重心设定、托盘坐标系设定、末端执行器姿态设定、物料重量设定、码垛层数设定、计时指令设定等。

码垛机器人编程时运动轨迹上的关键点坐标可通过示教或坐标赋值的方式进行设定，在实际生产中，若托盘相对较大，可采用示教方式寻找关键点；若产品尺寸同托盘码垛尺寸较合理，可采用坐标赋值方式获取关键点。

根据物料和托盘尺寸，可得物料 I、II、III、IV、V 在托盘上表面的坐标依次为（750，500，0）、（750，1500，0）、（750，2500，0）、（2000，2250，0）、（2000，750，0），并建立坐标系。在实际移动码垛机器人寻找关键点时，需用到校准针，如图 6-12 所示。

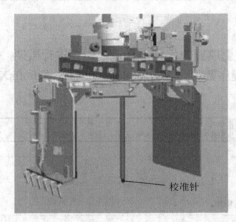

图 6-12　校准针

（6）测试程序

确认码垛机器人周围安全，按如下操作进行跟踪测试作业程序。

1）检查是否有急停按钮被按下，若有则将其顺时针旋转释放，在示教器上按 OK 后再按上电按钮进行复位。

2）若机器人远离工作起始点，则必须手动将机器人移动到工作起始点附近。

3）选 Move PP to main，此时，PP（程序运行指针）被移动到主程序第一句。

4）按上下菜单切换旋钮，可改变机器人运动速度，改变后再按一次上下菜单切换旋钮。

5）按下示教器上的使能按钮（使其处于中间位置），然后按启动按钮，可在手动状态启动机器人。机器人回到起始点运行过程中需注意若发现机器人可能与外部设备碰撞，需要立即停止运行，并手动操作机器人避开碰撞点，再按启动旋钮连续运行程序，或用"FWD"单步执行程序。

（7）再现码垛

1）检查是否有急停按钮被按下，若有则将其顺时针旋转释放，在示教器上按 OK 后按上电按钮进行复位。

2）若手爪上有物料，应先取下。

3）打开要再现的作业程序。

4）将模式转换钥匙切换到自动状态，按"OK"确认，按下上电按钮至指示灯亮，单击屏幕左上角"ABB"，再选择主动生产窗口，选 Move PP to main，此时，PP（程序运行指针）被移动到主程序第一句。

5）按"程序启动"按钮，码垛机器人开始自动运行。

第一层码垛示教完毕，第二层只需在第一层的基础上将 Z 方向加上产品高度 40mm 即可，示教方式如同第一层，第三层可调用第一层程序并在第二层的基础上加上产品高度，以此类推，之后将编写程序存入运动指令中。

通常"点到点插补"和"直线插补"，即可满足基本码垛要求。实际生产中，如果垛型、产品尺寸等发生了变化，我们通常通过示教的方式进行参数修改，以满足生产的需要。

3．调整垛型

如果纸箱或袋子在托盘上放置的位置不合适，需要进行微调，具体步骤如下。

（1）单击 ABB，选择程序数据，再选择 Pos，最后选择 noffsXYZ 进入到如图 6-13 所示界面中。

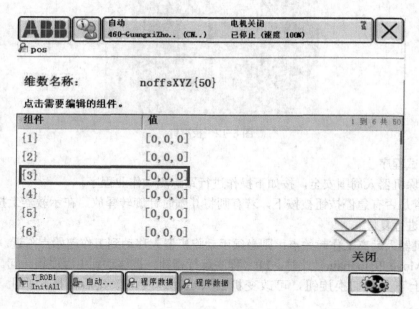

图 6-13　noffsXYZ 界面

（2）noffsXYZ 共有 50 个数组，第一个数组代表的是第一个袋子在三维空间中 X、Y、Z 的偏移量（单位 mm），以此类推。例如我们选择修改第三个袋子的位置，则单击进入第三个数组中，如图 6-14 所示。

（3）如果要让袋子在托盘上沿着 X 方向偏移，则选择 X，在小键盘输入要偏移的数据，然后确定，增加 X 方向的数值，表示在原放置位置的基础上，沿 $X+$ 方向偏移，减小 X 数值，则表示沿 $X-$ 方向偏移，Y、Z 方向相似。

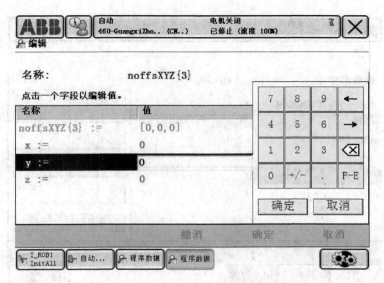

图 6-14 noffsXYZ 编辑界面

4. 增加袋子类型

（1）单击 ABB，选择程序数据，再选择 Pos，最后选择 nBagLWH 进入到如图 6-15 所示界面中。

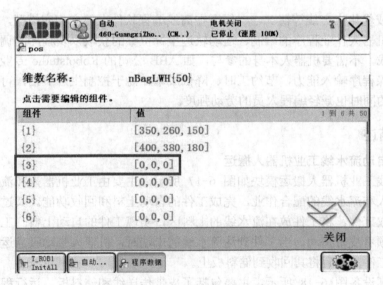

图 6-15 nBagLWH 界面

（2）nBagLWH 共有 50 个数组，第一个数组代表的是第一个袋子的长、宽、高，以此类推。例如我们选择增加第三个袋子的类型，则单击进入第三个数组中，如图 6-16 所示。

X 代表新增加袋子的长度，Y 代表宽度，Z 代表袋子的厚度。将实际测量的数据（单位 mm）依次对应输入，然后单击确定，数值将被保存进 Pos 数据中。

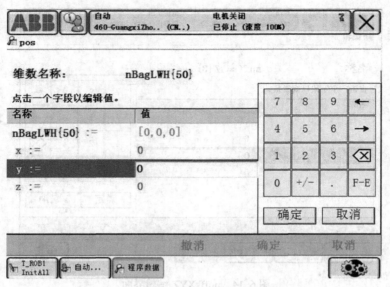

图 6-16　nBagLWH 编辑界面

6.4　码垛机器人典型作业任务

对于改造或优化生产线等情况，一般需在离线编程软件上建立相应模型，模拟实际生产环境，且码垛机器人作业程序的编制、运动轨迹坐标位置的获取以及程序的调试均在一台计算机上独立完成，不需要机器人本身的参与，如 ABB 公司的 Robotstudio 专业码垛软件，极大地加快了码垛程序输入能力，节约工时、降低成本、易于控制生产节拍，可达到优化的目的，减少出错的同时也减轻编程人员的劳动强度。

6.4.1　任务描述

任务一：自动流水线工业机器人搬运

自动流水线工业机器人搬运模块如图 6-17 所示，主要由工业机器人和流水线两部分组成，实现机器人和流水线的配合作业，完成工件的自动上料和回收功能。其过程为：机器人从储料板处拾取工件，将工件放在流水线的上料区，实现工件的自动上料。工件从流水线的上料区进入后顺着皮带移动，当工件到达流水线的末端时，机器人带动吸盘运动到流水线末端，吸盘拾取工件，然后将其回收到储料板上。

流水线外围设备图 6-18 所示，主要包括了皮带传送线和储料板。运行程序前必须保证16 个工件都摆放在储料板上，流水线上没有工件。流水线运转后，机器人先从储料板上取出工件放到流水线的上料区，工件到达流水线末端后，接近开关检测到工件并发送信号给机器人，此时，挡板气缸打开，挡住从上料区过来的工件。机器人运行到流水线末端并将工件取出，挡板气缸关闭，机器人拾取工件后将其回收到储料板。在皮带末端滚筒侧边安装有编码器，用来检测皮带的实际运行速度。流水线分为上料区、停留区、检测区，工件依次经过，机器人实现工件上料和工件回收，如此循环运行。将 16 个工件从储料板取出并回收，完成一次作业。

图 6-17　自动流水线工业机器人搬运模块

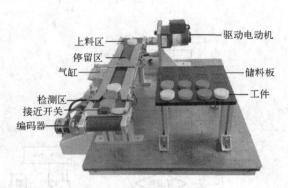

图 6-18　流水线外围设备

图 6-18 标注：驱动电动机、储料板、工件、上料区、停留区、气缸、检测区、接近开关、编码器

任务二：工业机器人码垛

如图 6-19 所示为码垛机器人工作站，该码垛工作站为一进两出布局，机器人左右两侧各有一个托盘，这种布局相比于一进一出布局，具有作业效率高的优点，即当一侧托盘码垛完成后，机器人不必等待换托盘，而是继续码垛另一侧托盘。托盘每层可码放四个箱体，中间为输入装置。机器人将箱体从输送装置末端取出，再将其码垛到托盘上，左右托盘各码垛三层。

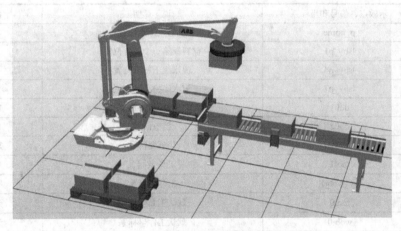

图 6-19　机器人码垛工作站

6.4.2　任务实施

任务一：自动流水线工业机器人搬运

1. 设计机器人程序流程

根据机器人运动轨迹编写机器人程序时，首先根据控制要求绘制机器人程序流程图，然后编写机器人主程序和子程序。编写子程序前要先设计好机器人的运行轨迹及定义好机器人的程序点。根据控制功能，设计机器人程序流程图，如图 6-20 所示。

2. 机器人运动所需示教点

根据如图 6-21 所示的机器人关键示教点和搬运作业特点，可确定其运动所需的示教点、信号和坐标系，见表 6-3。

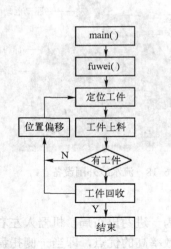

图 6-20 机器人程序流程图

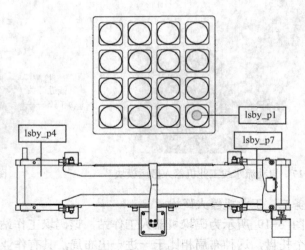

图 6-21 机器人的关键示教点

表 6-3 关键示教点、信号和坐标系

序 号	示教点、信号和坐标系	说 明	备 注
1	p_home	机器人原点位置	需示教
2	lsby_p1	储料板第一个工件位置	需示教
3	lsby_p4	流水线上料区位置	需示教
4	lsby_p7	流水线检测区位置	需示教
5	do01	吸盘信号	1 为打开
6	do02	挡板信号	1 为打开
7	di01	传感器信号	数字信号
8	tool1	工具坐标系	需建立
9	by_wobj1	工件坐标系	需建立
10	tool0	默认工具坐标系	无需建立
11	wobj0	默认工件坐标系	无需建立

3. ABB 机器人程序设计

机器人启动前请先确保流水线开启，且工件都放在储料板上，输送带上没有工件。实现自动化流水线和机器人的协同作业，主要包括工件上料和工件回收，可以分为子程序 fuwei( )、子程序 sl( ) 和子程序 hs( )。

程序中涉及的常用指令：

1）IF 指令。IF 指令的功能是满足不同条件，执行对应程序。

例如：

    IF reg1>1 THEN
    Set do01;
    ENDIF

如果 reg1>1 条件满足，则执行 Set do01 指令，即数字输出信号 do01 置 1。

2）FOR 指令。FOR 指令的功能是根据指定的次数，重复执行对应程序。

例如：

```
FOR i FORM 1 TO 5 DO
routine1;
ENDFOR
```

重复执行 5 次 routine1 里的程序。FOR 指令后面跟的是循环计数值，其不用在程序数据中定义，每运行一遍 FOR 循环后，变量 i 会自动执行加 1 操作。

3）WaitTime 指令。WaitTime 是等待指令，功能是等待一段时间后再执行后面的程序。

例如：

```
WaitTime 1;
Reset do01;
```

等待 1s（秒）后，再执行 Reset do01 这条指令。

4）注释行 "!"。在语句前面加上 "!"，则整行语句作为注释行不被程序执行。

5）Offs 偏移功能。Offs 偏移功能是指以选定的目标点为基准，沿着选定工件坐标系的 X、Y、Z 轴方向偏移一定的距离。

例如：

```
MoveL Offs(p1，10，20，-20)，v150，z50，tool1\WObj:=wobj1;
```

将机器人 TCP 移动至以 p1 为基准点，沿着 wobj1 的 X 轴正方向偏移 10mm，Y 轴正方向偏移 20mm，Z 轴负方向偏移 20mm 的位置。

（1）子程序 fuwei( )

子程序 fuwei( ) 使机器人回原点并且复位吸盘和复位工件信号，参考程序如下：

```
PROC fuwei( )
    Reset do01;        ! 关闭吸盘
    Reset do02;        ! 复位挡板
    MoveJ p_home，v150，z50，tool0\ WObj：= wobj0;   ! 回原点
ENDPROC
```

（2）子程序 sl( )

子程序 sl( ) 使用 FOR 循环实现 16 个工件的上料作业，机器人上料完后根据工件传感器的信号判断是否需要执行工件回收动作，参考程序如下：

```
PROC sl( )
    MoveL lsby_p1，v150，z10，tool1\ WObj：=by_wobj1;   ! 储料板第一个工件位置
    FOR lsby_reg FROM 1 TO 16 DO              ! 使用 FOR 循环实现工艺流程
    lsby_p2:= Offs(lsby_p1，-((lsby_reg-1) mod 4) * 52，-((lsby_reg-1) div 4) * 52，0);
        ! 计算储料板其他工件位置
    MoveL lsby_p2，v150，z10，tool1\ WObj：=by_wobj1;
    lsby_p2:= Offs(lsby_p2，0，0，-20);
    MoveL lsby_p2，v30，fine，tool1\ WObj：=by_wobj1;
    Set do01;   ! 打开吸盘，拾取工件
    WaitTime 0.2;
```

```
                lsby_p2:= Offs(lsby_p2, 0, 0, 20);        ! 吸盘上升 20mm
                MoveL lsby_p2, v100, z10, tool1\WObj: =by_wobj1;
                MoveL lsby_p3, v150, z50, tool1\WObj: =by_wobj1;        ! 工件抵达流水线上料区
                MoveL lsby_p4, v150, fine, tool1\WObj: =by_wobj1;
                Reset do01;        ! 关闭吸盘，释放工件
                MoveL lsby_p6, v200, z50, tool1\WObj: =by_wobj1;        ! 储料台放料点
                IF di01= 1 THEN        ! 接近开关信号
                    hs( );
                ENDIF
            ENDFOR
        ENDPROC
```

（3）子程序 hs( )

子程序 hs( )是在工件上料之后判断是否需要进行工件的回收，该子程序放在 sl( )子程序里面，参考程序如下：

```
        PROC hs( )
            Set do02;        ! 打开挡板
            MoveL lsby_p5, v150, z20, tool1\WObj: =by_wobj1;        ! 吸盘抵达工件上方
            MoveL lsby_p7, v20, fine, tool1\WObj: =by_wobj1;        ! 吸盘抵达工件表面
            Set do01;        ! 打开吸盘，拾取工件
            WaitTime 0.2;
            MoveL lsby_p5, v200, z20, tool1\WObj: =by_wobj1;        ! 抬起工件
            Reset do02;        ! 复位挡板
            MoveL lsby_p2, v150, z10, tool1\WObj: =by_wobj1;        ! 抵达储料板凹槽上方
            lsby_p2:= Offs(lsby_p2, 0, 0, −20);        ! 向下偏移 20mm
            MoveL lsby_p2, v20, fine, tool1\WObj: =by_wobj1;
            Reset do01;        ! 关闭吸盘，释放工件
            lsby_p2:= Offs(lsby_p2, 0, 0, 20);
            MoveL lsby_p2, v100, z10, tool1\WObj: =by_wobj1;
        ENDPROC
```

（4）主程序

主程序里面直接调用子程序 fuwei( )和子程序 sl( )，执行完 16 个工件的上料程序后再检测光电传感器上是否有工件，如果有，需要将其回收到储料板的第一个位置，参考程序如下：

```
        PROC main( )
            fuwei;
            sl;
            IF di01= 1 THEN
            MoveL lsby_p5, v150, z20, tool1\WObj: =by_wobj1;
            MoveL lsby_p7, v20, fine, tool1\WObj: =by_wobj1;
            Set do01;
            MoveL lsby_p5, v200, z20, tool1\WObj: =by_wobj1;
            MoveL lsby_p1, v200, z10, tool1\WObj: =by_wobj1;
            lsby_p2:= Offs(lsby_p1, 0, 0, −20);
```

```
        MoveL lsby_p2，v20，fine，tool1\ WObj：=by_wobj1；
        Reset do01；
        MoveL lsby_p1，v100，z10，tool1\ WObj：=by_wobj1；
        ENDIF
        MoveJ p_home，v150，fine，tool0\ WObj：= wobj0；
    ENDPROC
```

4. 机器人程序调试

建立主程序 main 和子程序，并确保所有指令的速度值不能超过 150mm/s。程序编写完成，调试机器人程序。单击"调试"按钮，单击"PP 移至例行程序…"，单击"fuwei"，单击"确定"，程序指针指在"fuwei"程序的第一条语句。

用正确的方法手握着示教器，按下使能按键，示教器上显示"电机开启"，然后按下"单步向前按钮"，机器人程序按顺序往下执行程序。第一次运行程序务必单步运行程序，直至程序末尾，确定机器人运行每一条语句都没有错误，与工件不会发生碰撞，才可以按下"连续运行"按钮。需要停止程序时，先按下"停止"，再松开使能按钮。

任务二：工业机器人码垛

1. 设计机器人程序流程

根据机器人运动轨迹编写机器人程序时，首先根据控制要求绘制机器人程序流程图，然后编写机器人主程序和子程序。编写子程序前要先设计好机器人的运行轨迹及定义好机器人的程序点。根据控制功能，设计机器人程序流程图，如图 6-22 所示。

2. 机器人运动所需示教点

箱体码垛单元使用吸盘拾取和码垛箱体，需要建立吸盘工具坐标系，可以命名为 tool1；搬运过程要求吸盘中能沿着托盘表面的 X、Y、Z 方向偏移，所以需要建立工件坐标系 md_wobj1，如图 6-23 所示。根据机器人码垛作业特点，可确定其运动所需的关键示教点、信号和坐标系，见表 6-4。

图 6-22　机器人程序流程图

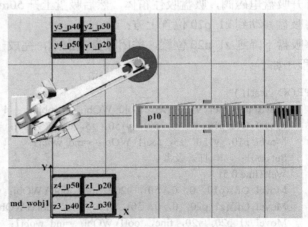

图 6-23　机器人关键示教点和坐标系

表 6-4 关键示教点、信号和坐标系

序　号	示教点、信号和坐标系	说　明	备　注
1	p_home	机器人原点位置	需示教
2	p10	吸取箱体位置点	需示教
3	z1_p20	左托盘箱体码垛位置 1	需示教
4	z2_p30	左托盘箱体码垛位置 2	需示教
5	z3_p40	左托盘箱体码垛位置 3	需示教
6	z4_p50	左托盘箱体码垛位置 4	需示教
7	y1_p20	右托盘箱体码垛位置 1	需示教
8	y2_p30	右托盘箱体码垛位置 2	需示教
9	y3_p40	右托盘箱体码垛位置 3	需示教
10	y4_p50	右托盘箱体码垛位置 4	需示教
11	do01	吸盘信号	1 为打开
12	tool1	吸盘工具坐标系	需建立
13	md_wobj1	托盘工件坐标系	需建立
14	tool0	默认工具坐标系	无需建立
15	wobj0	默认工件坐标系	无需建立

3. ABB 机器人程序设计

建立好吸盘工具坐标系和托盘工件坐标系后，可以进行机器人程序的编写。首先码垛左侧托盘，然后再码垛右侧托盘。

（1）单个箱体的搬运

单个箱体的的搬运步骤：

1）使用示教器的操纵杆将吸盘定位到第一个箱体上表面，要求吸盘下端面与箱体上表面贴合；

2）打开吸盘电磁阀，吸盘吸住箱体，然后吸盘上升 50mm；

3）将吸盘移动到 z1_p20 位置上方；

4）将吸盘下降到 z1_p20 位置，关闭吸盘电磁阀，完成一个箱体的搬运。

参考程序如下：

```
PROC   test1( )
    MoveJ p_home, v150, z5, tool0\ WObj：= wobj0;    ! 回原点
    MoveL Offs(p10, 0, 0, 50), v150, z5, tool1\ WObj：=md_wobj1;
    MoveL p10, v150, z5, tool1\ WObj：=md_wobj1;    ! 吸取零件位置
    Set do01；    ! 打开吸盘
    WaitTime 0.5；
    MoveL Offs(p10, 0, 0, 50), v20, fine, tool1\ WObj：=md_wobj1;
    MoveL Offs(z1_p20, 0, 0, 50), v20, fine, tool1\ WObj：=md_wobj1;
    MoveL z1_p20, v20, fine, tool1\ WObj：=md_wobj1;
    Reset do01；    ! 关闭吸盘
    WaitTime 0.5；
    MoveJ p_home, v150, z5, tool0\ WObj：= wobj0;    ! 回原点
ENDPROC
```

（2）左侧托盘码垛程序

使用 FOR 循环语句实现 12 个箱体的定位和拾取，使用 IF 条件判断语句实现当前箱体码垛位置的判断，利用整数求模语句 Mod 和整数除法语句 Div 计算当前的箱体编号，当箱体编号为 4 时，码垛完成一层，需要将箱体码垛的高度增加箱体一层的厚度，箱体的厚度为 30mm。

Mod 指令为整数求模指令。例：reg1:=14 Mod 4，reg1 的值为 2。

Div 指令为整数除法指令。例：reg1:=14 Div 4，reg1 的值为 3。

参考程序如下：

```
PROC   zmd( )
    MoveJ p_home, v150, z5, tool0\ WObj: = wobj0;      ! 回原点
    MoveL Offs(p10, 0, 0, 50), v150, z5, tool1\ WObj: =md_wobj1;
    MoveL p10, v150, z5, tool1\ WObj: =md_wobj1;
    p10_1: = p10;
    FOR reg1 FROM 1 TO 12 DO                    ! FOR 循环语句，循环 12 次
    p10_1: = Offs(p10, 0, 0, 50);
    ! 在点 p10 位置基础上，沿其 z 轴正向偏移 50mm 的位置点
    MoveL p10_1, v20, fine, tool1\ WObj: =md_wobj1;
    Set do01;    ! 打开吸盘
    WaitTime 0.5;
    p10_1: = Offs(p10_1, 0, 0, 50);
    MoveL p10_1, v20, fine, tool1\ WObj: =md_wobj1;
    IF (V_reg1 Mod 4)=1 THEN  ! 左侧码垛位置 1
    MoveL z1_p20, v20, fine, tool1\ WObj: =md_wobj1;
    z1_p20_1: =Offs(z1_p20, 0, 0, −50+（V_reg1 Div 4）*30);   ! 吸盘向下偏移 50mm，换行
    后高度增加箱体的厚度
    MoveL z1_p20_1, v20, fine, tool1\ WObj: =md_wobj1;
    Reset do01;   ! 关闭吸盘
    WaitTime 0.5;
    MoveL z1_p20, v20, fine, tool1\ WObj: =md_wobj1;
    ENDIF
    IF (V_reg1 Mod 4)=2 THEN  ! 左侧码垛位置 2
    MoveL z2_p30, v20, fine, tool1\ WObj: =md_wobj1;
    z2_p30_1: =Offs(z2_p30, 0, 0, −50+（V_reg1 Div 4）*30);   ! 吸盘向下偏移 50mm
    MoveL z2_p30_1, v20, fine, tool1\ WObj: =md_wobj1;
    Reset do01;   ! 关闭吸盘
    WaitTime 0.5;
    MoveL z2_p30, v20, fine, tool1\ WObj: =md_wobj1;
    ENDIF
    IF (V_reg1 Mod 4)=3 THEN  ! 左侧码垛位置 3
    MoveL z3_p40, v20, fine, tool1\ WObj: =md_wobj1;
    z3_p40: =Offs(z3_p40, 0, 0, −50+（V_reg1 Div 4）*30);   ! 吸盘向下偏移 50mm
    MoveL z3_p40_1, v20, fine, tool1\ WObj: =md_wobj1;
    Reset do01;   ! 关闭吸盘
    WaitTime 0.5;
    MoveL z3_p40, v20, fine, tool1\ WObj: =md_wobj1;
    ENDIF
    IF (V_reg1 Mod 4)=0 THEN  ! 左侧码垛位置 4
```

```
        MoveL z4_p50，v20，fine，tool1\ WObj：=md_wobj1；
        z4_p50_1：=Offs(z4_p50, 0, 0, −50+（V_reg1 Div 4）*30)；  ! 吸盘向下偏移 50mm
        MoveL z4_p50_1，v20，fine，tool1\ WObj：=md_wobj1；
        Reset do01；   ! 关闭吸盘
        WaitTime 0.5；
        MoveL z4_p50，v20，fine，tool1\ WObj：=md_wobj1；
        ENDIF
        ENDFOR
    ENDPROC
```

（3）右侧托盘码垛程序

同理，使用 FOR 循环语句、IF 条件判断语句、整数求模语句 Mod 以及整数除法语句 Div 完成所有右侧托盘箱体的码垛。

参考程序如下：

```
    PROC  ymd（）
        MoveJ p_home，v150，z5，tool0\ WObj：= wobj1；   ! 回原点
        MoveL Offs(p10, 0, 0, 50)，v150，z5，tool1\ WObj：=md_wobj1；
        MoveL p10，v150，z5，tool1\ WObj：=md_wobj1；
        p10_1：= p10；
        FOR reg1 FROM 1 TO 12 DO                    ! FOR 循环语句，循环 12 次
        p10_1：= Offs(p10, 0, 0, 50)；
        MoveL p10_1，v20，fine，tool1\ WObj：=md_wobj1；
        Set do01；  ! 打开吸盘
        WaitTime 0.5；
        p10_1：= Offs(p10_1, 0, 0, 50)；
        MoveL p10_1，v20，fine，tool1\ WObj：=md_wobj1；
        IF (V_reg1 Mod 4)=1 THEN ! 右侧码垛位置 1
        MoveL y1_p20，v20，fine，tool1\ WObj：=md_wobj1；
        y1_p20_1：=Offs(y1_p20, 0, 0, −50+（V_reg1 Div 4）*30)；  ! 吸盘向下偏移 50mm，换
行后高度增加箱体的厚度
        MoveL y1_p20_1，v20，fine，tool1\ WObj：=md_wobj1；
        Reset do01；  ! 关闭吸盘
        WaitTime 0.5；
        MoveL y1_p20，v20，fine，tool1\ WObj：=md_wobj1；
        ENDIF
        IF (V_reg1 Mod 4)=2 THEN  ! 右侧码垛位置 2
        MoveL y2_p30，v20，fine，tool1\ WObj：=md_wobj1；
        y2_p30_1：=Offs(y2_p30, 0, 0, −50+（V_reg1 Div 4）*30)；  ! 吸盘向下偏移 50mm
        MoveL y2_p30_1，v20，fine，tool1\ WObj：=md_wobj1；
        Reset do01；  ! 关闭吸盘
        WaitTime 0.5；
        MoveL y2_p30，v20，fine，tool1\ WObj：=md_wobj1；
        ENDIF
        IF (V_reg1 Mod 4)=3 THEN  ! 右侧码垛位置 3
        MoveL y3_p40，v20，fine，tool1\ WObj：=md_wobj1；
        y3_p40：=Offs(y3_p40, 0, 0, −50+（V_reg1 Div 4）*30)；  ! 吸盘向下偏移 50mm
        MoveL y3_p40_1，v20，fine，tool1\ WObj：=md_wobj1；
        Reset do01；  ! 关闭吸盘
```

```
        WaitTime 0.5;
        MoveL y3_p40，v20，fine，tool1\WObj：=md_wobj1;
        ENDIF
        IF (V_reg1 Mod 4)=0 THEN   ! 右侧码垛位置 4
        MoveL y4_p50，v20，fine，tool1\WObj：=md_wobj1;
        y4_p50_1：=Offs(y4_p50，0，0，-50+（V_reg1 Div 4）*30); ! 吸盘向下偏移 50mm
        MoveL y4_p50_1，v20，fine，tool1\WObj：=md_wobj1;
        Reset do01;   ! 关闭吸盘
        WaitTime 0.5;
        MoveL y4_p50，v20，fine，tool1\WObj：=md_wobj1;
        ENDIF
        ENDFOR
    ENDPROC
```

调试完左侧托盘码垛和右侧托盘码垛的程序后，可以将两个程序组成一个 main 程序，参考程序如下：

```
    PROC main( )
        fuwei;              ! 复位
        zmd;
        ymd;
    ENDFOR
    PROC fuwei( )           ! 复位子程序
        Reset do01;         ! 复位信号
        WaitTime 0.5;
        MoveJ p_home，v150，z5，tool0\WObj：= wobj0;   ! 回原点
    ENDFOR
```

4. 机器人程序调试

建立主程序 main 和子程序，并确保所有指令的速度值不能超过 150mm/s。程序编写完成，调试机器人程序。单击"调试"按钮，单击"PP 移至例行程序…"，单击"fuwei"，单击"确定"，程序指针指在"fuwei"程序的第一条语句。

用正确的方法手握着示教器，按下使能按键，示教器上显示"电机开启"，然后按下"单步向前按钮"，机器人程序按顺序往下执行程序。第一次运行程序务必单步运行程序，直至程序末尾，确定机器人运行每一条语句都没有错误，与工件不会发生碰撞，才可以按下"连续运行"按钮。需要停止程序时，先按下"停止"，再松开使能按钮。

6.5 码垛机器人工作站布局

码垛机器人工作站是一套集成化的系统，与企业其他系统连接形成一个完整的生产系统。除了需要码垛机器人外，还需要与之相匹配的周边设备。

6.5.1 周边设备

常见的码垛机器人辅助装置有定量打包机、金属检测机、重量复检机、自动剔除机、倒袋机、整形机、待码输送机、传送带、码垛系统装置等。

1．定量打包机

人工将包装袋摆放在供袋盘上，然后用抓袋器把包装袋定位在包装机的下料口上，电子定量秤内放出的物料通过过渡料斗进入包装袋并传送到输送机上。

2．金属检测机

在食品、药品、化妆品、纺织品的码垛过程中，为防止在生产制造过程中混入金属等异物，需要金属检测机进行金属检测，如图 6-24 所示。

3．重量复检机

重量复检机由光电开关Ⅱ控制，当料袋进入该装置时，光电开关Ⅰ被料袋遮挡；当料袋被完全载于秤体上时，光电开关Ⅱ被遮挡，系统通过压力传感器开始采集数据直至复检结束；若重量合格（精度 10g，动态），包装袋进入下道工序；重量超差的包装袋，系统发出报警信号，该包装袋进入拣选机时将其剔除，进而到达产品质量控制，重量复检机如图 6-25 所示。

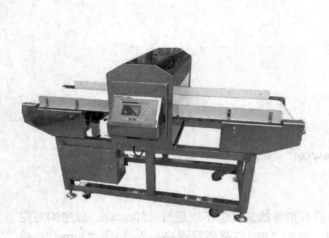

图 6-24　金属检测机

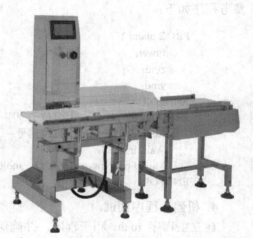

图 6-25　重量复检机

4．自动剔除机

自动剔除机是一款用途广泛的设备，它安装在金属检测机和重量复检机之后，主要用于剔除含金属异物及重量不合格等产品，如图 6-26 所示。

5．倒袋机

倒袋机是将输送过来的袋装码垛物按照预定程序进行输送，是整形机前的必备设备，用在自动包装码垛生产线，作用是将封口后的包装袋自动放倒，经过整形机后再进入后道的检测与码垛单元设备。倒袋机由以下几个部分组成：推袋杆、倒袋板、自动转筒配以输送机、引导挡板等组成完整的自动倒袋机，如图 6-27 所示。

6．整形机

主要针对袋装码垛物，经整形机整形后袋装码垛物内可能存在的积聚物会均匀分散，之后进入后续工序，如图 6-28 所示。

7．待码输送机

待码输送机是码垛机器人生产线的专用输送设备，码垛货物聚集于此，便于码垛机器人末端执行器抓取，可提高码垛机器人的灵活性，如图 6-29 所示。

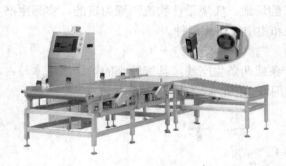

图 6-26　自动剔除机

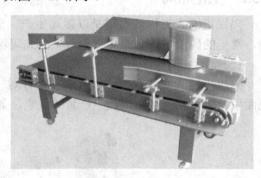

图 6-27　倒袋机

图 6-28　整形机

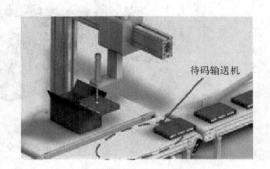

图 6-29　待码输送机

8．传送带

传送带是自动化码垛生产线上必不可少的一个环节，其针对不同的厂源条件可选择不同的形式，如图 6-30、图 6-31 所示。

图 6-30　组合式传送带

图 6-31　转弯式传送带

9．码垛系统装置

码垛系统装置主要包括真空发生装置、气体发生装置、液压发生装置等，此部分装置均为标准件，企业常用空气控压站对整个车间提供压缩空气和抽真空。

6.5.2 工位布局

码垛机器人工作站布局是以提高生产、节约场地、实现最佳物流码垛为目的，实际生产中，常见的码垛工作站布局主要有全面式码垛和集中式码垛两种。

1. 全面式码垛

码垛机器人安装在生产线末端，可针对一条或两条生产线，具有较小的输送线成本与占地面积，较大灵活性和增加生产量等优点，如图 6-32 所示。

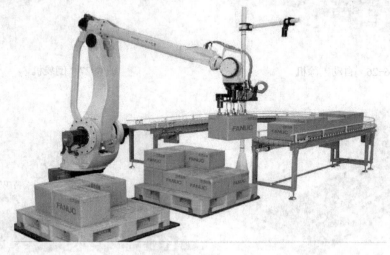

图 6-32　全面式码垛

2. 集中式码垛

码垛机器人被集中安装在某一区域，可将所有生产线集中在一起，具有较高的输送线成本，节省生产区域资源，节约人员维护，一人便可全部操纵，如图 6-33 所示。

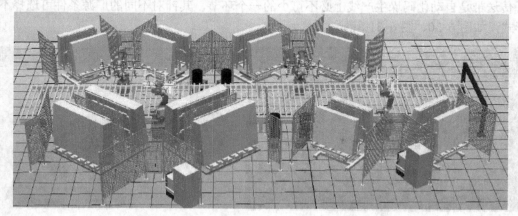

图 6-33　集中式码垛

按码垛进出情况，常见的规划有一进一出、一进两出、两进两出和四进四出等形式。

（1）一进一出

一进一出常出现在厂源相对较小、码垛线生产比较繁忙的情况，此类型码垛速度较快，托盘分布在机器人左侧或右侧，缺点是需人工换托盘，浪费时间，如图 6-34 所示。

（2）一进两出

在一进一出的基础上添加输出托盘，当一侧满盘信号输入，机器人不会停止等待，直接码垛另一侧，码垛效率明显提高，如图 6-35 所示。

图 6-34　一进一出　　　　　　　　　　图 6-35　一进两出

（3）两进两出

两进两出是两条输送链输入，两条码垛输出，多数两进两出系统不会需要人工干预，码垛机器人自动定位摆放托盘，是目前应用最多的一种码垛形式，也是性价比最高的一种规划形式，如图 6-36 所示。

（4）四进四出

四进四出系统多配有自动更换托盘功能，主要应对于多条生产线的中等产量或低等产量的码垛，如图 6-37 所示。

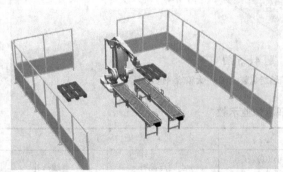
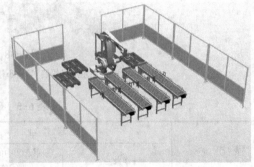

图 6-36　两进两出　　　　　　　　　　图 6-37　四进四出

6.6　习题

一、填空题

1. 常见的码垛机器人结构多为_____、_____和_____。

2. 码垛机器人的末端执行器是夹持物品移动的一种装置，其原理结构与搬运机器人类似，常见形式有_____、_____、_____和组合式。

3．实际生产中，常见的码垛工作站布局主要有_____和_____两种。

4．关节式码垛机器人常见本体多为_____轴，亦有五、六轴码垛机器人

二、判断题

1．组合式末端执行器的 TCP 一般设在法兰中心线与手前端面交点处。（ ）

2．通常在保证相同夹紧力情况下，气动比液压负载轻、卫生、成本低、易获取，故实际码垛中以压缩空气为驱动的居多。（ ）

3．摆臂式码垛机器人可实现大物料、重吨位搬运和码垛。（ ）

三、简答题

1．试述码垛机器人系统的组成与功能。

2．简述码垛机器人示教再现流程。

3．查阅资料分析码垛机器人和搬运机器人的区别。

4．图 6-38 是某食品包装流水生产线，主要由产品生产供给线、小箱输送包装线和大箱输送包装线等部分构成。依图画出 A 位置码垛运动轨迹示意图（按照 3-2、2-3 码垛）。

5．根据图 6-38 并结合 A 点位置示教过程完成表 6-5（请在相应选项下打"√"或选择序号，产品外观尺寸为 1800mm×1200mm×30mm，托盘尺寸为 3600mm×3000mm×20mm）。

图 6-38　题 4、5 图

Ⅰ—产品生产供给线　Ⅱ—小箱输送包装线　Ⅲ—大箱输送包装线

表 6-5　码垛作业示教

程　序　点	码 垛 作 业		插 补 方 式	
	作业点	①原点②中间点③规避点④临近点	点到点插补	直线插补

程 序 点	码 垛 作 业		插 补 方 式	
	作业点	①原点②中间点③规避点④临近点	点到点插补	直线插补

第7章 焊接机器人及其技术应用

教学目标

1. 了解焊接机器人的分类及特点。
2. 掌握焊接机器人系统的基本组成。
3. 熟悉焊接机器人典型周边设备与布局。
4. 能够识别常见焊接机器人工作站基本构成。
5. 能够进行焊接机器人的简单弧焊和点焊作业示教。

据不完全统计，全世界在役的工业机器人大约有近一半用于各种形式的焊接加工领域。随着先进制造技术的发展，焊接产品制造的自动化、柔性化与智能化已成为必然趋势。而在焊接生产中，采用机器人焊接则是焊接自动化技术现代化的主要标志。本章将对焊接机器人的分类、特点、基本系统组成和典型周边设备进行简要介绍，并结合实例说明ABB 焊接机器人焊接作业示教的基本要领和注意事项，旨在加深大家对焊接机器人及其作业示教的认知。

7.1 焊接机器人的分类及特点

使用机器人完成一项焊接任务只需要操作者对它进行一次示教，随后机器人即可精确地再现示教的每一步操作。如让机器人去做另一项工作，无须改变任何硬件，只要对它再做一次示教即可。其主要优点有：

- 提高焊接质量，保证焊接均匀性。
- 提高劳动生产率，一天可 24 小时连续生产。
- 改善工人劳动条件，机器人可在有害环境下工作。
- 降低对工人操作技术的要求。
- 缩短产品改型换代的准备周期，减少相应的设备投资。
- 可实现小批量产品的焊接自动化。
- 能在空间站建设、核电站维修、深水焊接等极限条件下完成人工难以进行的焊接作业。
- 为焊接柔性生产线提供技术基础。

焊接机器人是从事焊接（包括切割与喷涂）的工业机器人。根据国际标准化组织（ISO）工业机器人的定义，工业机器人是一种多用途的、可重复编程的自动控制操作机（Manipulator），具有三个或更多可编程的轴，用于工业自动化领域。为了适应不同的用途，机器人最后一个轴的机械接口，通常是一个连接法兰，可接装不同工具或称末端执行器。焊接机器人就是在工业机器人的末轴法兰装接焊钳或焊（割）枪的，使之能进行焊接、切割或热喷涂。世界各国生产的焊接用机器人基本上都属关节型机器人，绝大部分有6个轴，目前焊接机器人应用中比较普遍的主要有两种：点焊机器人和弧焊机器人，如图7-1所示。

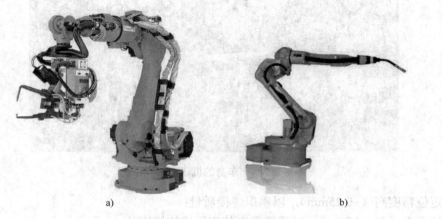

a)   b)

图7-1　焊接机器人

a) 点焊机器人　b) 弧焊机器人

1．点焊机器人

点焊机器人用于点焊自动作业的工业机器人，其末端作业工具是焊钳。按照示教程序规定的动作、顺序和参数进行点焊作业，其过程是完全自动化的，并且具有与外部设备通信的接口，可以通过这一接口接收上一级主控与管理计算机的控制命令进行工作。世界上第一台点焊机于1965年开始使用，是美国Unimation公司推出的Unimate机器人，中国在1987年自行研制成第一台点焊机器人——华宇-Ⅰ型点焊机器人。

点焊对所用的机器人的要求不高。因为点焊只需点位控制，至于焊钳在点与点之间的移动轨迹没有严格要求。这也是机器人最早只能用于点焊的原因。点焊用机器人不仅要有足够的负载能力，而且在点与点之间移位时速度要快捷，动作要平稳，定位要准确，以减少移位的时间，提高机械臂工作效率。点焊机器人需要有多大的负载能力，取决于所用的焊钳形式。对于用与变压器分离的焊钳，30～45kg负载的机器人就足够了。但是，这种焊钳一方面由于二次电缆线长，电能损耗大，也不利于机器人将焊钳伸入工件内部焊接；另一方面电缆线随机器人运动而不停摆动，电缆的损坏较快。因此，目前多采用一体式焊钳。这种焊钳连同变压器质量在70kg左右。考虑到机器人要有足够的负载能力，能以较大的加速度将焊钳送到空间位置进行焊接，一般都选用100～150kg负载的重型机器人。为了适应连续点焊时焊钳短距离快速移位的要求。新的重型机器人增加了可在0.3s内完成50mm位移的功能。这对电动机的性能，计算机的运算速度和算法都提出更高的要求。

汽车工业是点焊机器人系统一个典型的应用领域，如图7-2所示，在装配时，一台汽车车体大约有3000～5000个焊点，其中大约66%的焊点是由机器人完成。最初，点焊机器人只用于增强焊作业，后来为了保证拼接精度，又让机器人完成定位焊作业。这样，点焊机器人逐渐被要求有更全的作业性能，具体来说：

1）安装面积小，工作空间大；

2）快速完成小节距的多点定位（例如每0.3～0.4s移动30～50mm节距后定位）；

图 7-2　汽车车身的机器人点焊作业

3）定位精度高（±0.25mm），以确保焊接质量；

4）持重大（50～150kg），以便携带内装变压器的焊钳；

5）内存容量大，示教简单，节省工时；

6）点焊速度与生产线速度相匹配，同时安全可靠性好。

2. 弧焊机器人

弧焊机器人是用于弧焊自动作业的工业机器人，其末端持握的工具是焊枪。其组成和原理与点焊机器人基本相同，一般的弧焊机器人是由示教盒、控制盘、机器人本体及自动送丝装置、焊接电源等部分组成。可以在计算机的控制下实现连续轨迹控制和点位控制。还可以利用直线插补和圆弧插补功能焊接由直线及圆弧所组成的空间焊缝。弧焊机器人主要有熔化极焊接作业和非熔化极焊接作业两种类型，具有可长期进行焊接作业、保证焊接作业的高生产率、高质量和高稳定性等特点。随着技术的发展，弧焊机器人正向着智能化的方向发展。

由于弧焊工艺早已在诸多行业中得到普及，弧焊机器人在通用机械、金属结构等许多行业中得到广泛运用，如图 7-3 所示。弧焊机器人是包括各种电弧焊附属装置在内的柔性焊接系统，而不只是一台以规划的速度和姿态携带焊枪移动的单机，因而对性能有着特殊的要求。在弧焊作业中，焊枪应跟踪工件的焊道运动，并不断填充金属形成焊缝。因此运动过程中速度的稳定性和轨迹精度是两项重要指标。一般情况下，焊接速度约取 5～50mm/s，轨迹精度约为±（0.2～0.5）mm。由于焊枪的姿态对焊缝质量也有一定影响，因此希望在跟踪焊道的同时，焊枪姿态的可调范围尽量大。

为适应弧焊作业，对弧焊机器人的性能有着特殊的要求。除在运动过程中速度的稳定性和轨迹精度是两项重要指标。其他性能如下：

1）设定焊接条件（电流、电压、速度等）；

2）摆动功能；

3）坡口填充功能；

4）焊接异常功能检测；

5）焊接传感器（起始焊点检测、焊道跟踪）的接口功能。

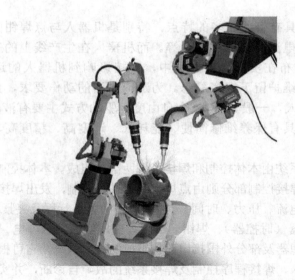

图 7-3 工业机器人弧焊作业

7.2 焊接机器人的系统组成

7.2.1 点焊机器人

　　点焊机器人主要由操作机、控制系统和点焊焊接系统等组成，如图 7-4 所示，操作者可通过示教器和操作面板进行点焊机器人运动位置和动作程序的示教，设定运动速度、焊接参数等。点焊机器人按照示教程序规定的动作、顺序和参数进行点焊作业，其过程是完全自动化的。

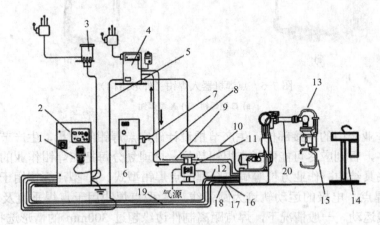

图 7-4　MOTOMAN-ES 系列点焊机器人系统组成图

1—机器人示教器　2—机器人控制柜　3—机器人变压器　4—点焊控制箱　5—点焊指令电缆　6—水冷机　7—冷却水流量开关

8—焊钳回水管　9—焊钳水冷管　10—焊钳供电电缆　11—气/水管路组合体　12—焊钳进气管　13—手部集合电缆

14—电极修磨机　15—伺服/气动电焊钳　16—机器人控制电缆 1BC　17—机器人供电电缆 2BC　18—机器人供电电缆 3BC

19—焊钳控制电缆　20—机器人本体（操作机）

点焊机器人系统具有管线繁多的特点，特别是机器人与点焊钳间的连接，包括点焊钳控制电缆、点焊钳电源电缆、水气管等。而机器人在生产线上的工作空间相对比较紧凑，管线的处理、排布在实际生产过程中，直接影响到机器人的运动速度和示教的质量，也给设备的生产维护留下很多隐患。为适应灵活的动作要求，点焊机器人本体通常选用关节型工业机器人，一般具有 6 个自由度。驱动方式主要有液压驱动和电气驱动两种。其中，电气驱动具有保养维修简便、能耗低、速度高、精度高、安全性好等优点，因此应用较为广泛。

点焊机器人控制系统由本体控制和焊接控制两部分组成。本体控制部分主要是实现机器人本体的运动控制；焊接控制部分则由点焊控制器进行控制，发出焊接开始指令，自动控制和调整焊接参数（如电流、压力、时间），控制焊钳的大小行程及夹紧/松开动作。点焊焊接系统主要由点焊控制器（时控器）、焊钳（含阻焊变压器）及水、电、气等辅助部分组成。点焊控制器是由微处理器及部分外围接口芯片组成的控制系统，它可根据预定的焊接监控程序，完成焊接参数输入、焊接程序控制及焊接系统的故障自诊断，并实现与机器人控制柜、示教器的通信联系。机器人点焊用焊钳种类繁多，从外形结构上有 C 型和 X 型两种，如图 7-5 所示。

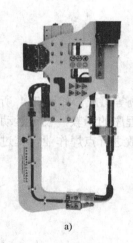 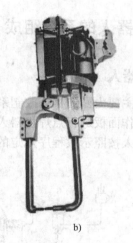

a)   b)

图 7-5　点焊机器人焊钳（外形结构）

a) C 型焊钳　b) X 型焊钳

根据工程作业表中的焊接部位、生产节拍设计确定点焊钳的数量，生产节拍高时，点焊钳数量设定得多，否则应尽可能降低点焊钳数量，合理划分每把点焊钳作业的内容，然后依据产品结构、夹具结构、作业方位等确定合理的点焊钳型式。X 型点焊钳用于点焊水平及接近水平位置的焊点，电极的运动轨迹为圆弧线。C 型点焊钳用于点焊垂直及接近垂直的焊点，电极做直线运动。一般情况下，焊点距离制件边缘超过 300mm 的情形选择 X 型焊钳，焊点距离制件边缘小于等于 300mm 的情形可以选择 C 型焊钳。按电极臂加压驱动方式，点焊机器人焊钳又分为气动焊钳和伺服焊钳两种。

1. 气动焊钳

气动焊钳的"气动"是使用压缩空气驱动加压气缸活塞，然后由活塞的连杆驱动相应的传递机构带动两电极臂闭合或张开。气动焊钳是目前点焊机器人比较常用的，如图 7-6a 所示。它利用气缸来加压，一般具有两个行程，能够使电极完成大开、小开和闭合 3 个动作，电极压力一旦调定后是不能随意变化的。

2．伺服焊钳

伺服焊钳是利用伺服电动机替代压缩空气作为动力源的一种焊钳。焊钳的张开和闭合由伺服电动机驱动，脉冲码盘反馈，这种焊钳的张开度可以根据实际需要任意选定并预置，而且电极间的压紧力也可以无级调节，是一种可提高焊点质量、性能较高的机器人用焊钳，如图 7-6b 所示。

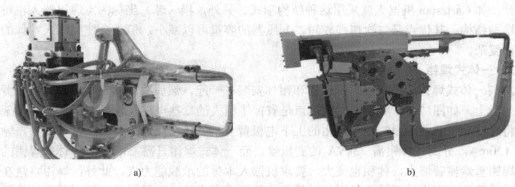

a)   b)

图 7-6　点焊机器人焊钳（电极臂加压驱动方式）

a) 气动焊钳　b) 伺服焊钳

与气动焊钳相比，伺服焊钳具有如下优点。

1）提高工件的表面质量。伺服焊钳由于采用的是伺服电动机，电极的动作速度在接触到工件前，可由高速准确调整至低速。这样就可以形成电极对工件的软接触，减轻电极冲击所造成的压痕，从而也减轻了后续工件表面修磨处理量，提高了工件的表面质量。而且，利用伺服控制技术可以对焊接参数进行数字化控制管理，可以保证提供最合适的焊接参数数据，确保焊接质量。

2）提高生产效率。伺服焊钳的加压、放开动作由机器人自动控制，每个焊点的焊接周期可大幅度降低。机器人在点与点之间的移动过程中，焊钳就开始闭合，在焊完一点后，焊钳一边张开，机器人一边位移，不必等机器人到位后焊钳才闭合或焊钳完全张开后机器人再移动。与气动焊钳相比，伺服焊钳的动作路径可以控制到最短，缩短生产节拍，在最短的焊接循环时间里建立一致性的电极间压力。由于在焊接循环中省去了预压时间，伺服焊钳比气动加压快 5 倍，提高了生产率。

3）改善工作环境。焊钳闭合加压时，不仅压力大小可以调节，而且在闭合时两电极为轻轻闭合，电极对工件是软连接，对工件无冲击，减少了撞击变形，平稳接触工件无噪声，更不会在使用气动加压焊钳时出现排气噪声。因此，该焊钳清洁、安静，改善了操作环境。

依据阻焊变压器与焊钳的结构关系，点焊机器人焊钳可分为分离式、内藏式和一体式。

1．分离式焊钳

阻焊变压器与钳体相分离，钳体安装在机器人机械臂上，而阻焊变压器悬挂在机器人上方，可在轨道上沿机器人手腕移动的方向移动，两者之间用二次电缆相连，如图 7-7a 所示。其优点是减小了机器人的负载，运动速度高，价格便宜。

分离式焊钳的主要缺点是需要大容量的阻焊变压器，电力损耗较大，能源利用率低。此外，粗大的二次电缆在焊钳上引起的拉伸力和扭转力作用于机器人机械臂上，限制了点焊工作区间与焊接位置的选择。

2. 内藏式焊钳

这种结构是将阻焊变压器安放到机器人机械臂内，使其尽可能地接近钳体，变压器的二次电缆可以在内部移动，如图 7-7b 所示。当采用这种形式的焊钳时，必须同机器人本体统一设计，如 Cartesian 机器人就采用这种结构形式。另外，极（球）坐标的点焊机器人也可以采取这种结构。其优点是二次电缆较短，变压器的容量可以减小，但是会使机器人本体的设计变得复杂。

3. 一体式焊钳

所谓一体式焊钳就是将阻焊变压器和钳体安装在一起，然后共同固定在机器人机械臂末端法兰盘上，如图 7-7c 所示，主要优点是省掉了粗大的二次电缆及悬挂变压器的工作架，直接将焊接变压器的输出端连到焊钳的上下电极臂上，另一个优点是节省能量。例如，输出电流 120mA，分离式焊钳需 75kVA 的变压器，而一体式焊钳只需 25kVA。一体式焊钳的缺点是焊钳重量显著增大，体积也变大，要求机器人本体的承载能力大。此外，焊钳重量在机器人活动手腕上产生的惯性力易引起过载，这就要求在设计时，尽量减小焊钳重心与机器人机械臂轴心线间的距离。

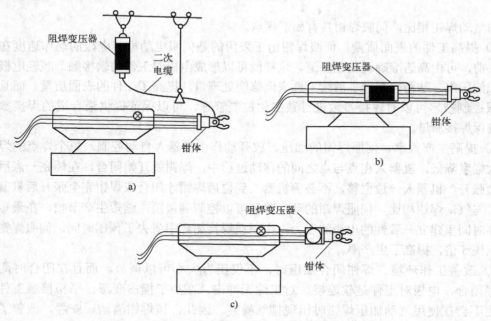

图 7-7　点焊机器人焊钳（阻焊变压器与焊钳的结构）

a) 分离式焊钳　b) 内藏式焊钳　c) 一体式焊钳

7.2.2 弧焊机器人

弧焊机器人的组成与点焊机器人基本相同，主要由是由操作机、控制系统、弧焊系统和安全设备几部分组成，如图 7-8 所示。

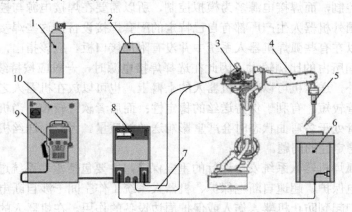

图 7-8 弧焊机器人系统组成

1—气瓶 2—焊丝桶 3—送丝机 4—操作机 5—焊枪 6—工作台
7—供电及控制电缆 8—弧焊电源 9—示教器 10—机器人控制柜

弧焊机器人操作机的结构与点焊机器人基本相似，主要区别在于末端执行器——焊枪。图 7-9 所示为弧焊机器人气保护焊用的各种典型焊枪。

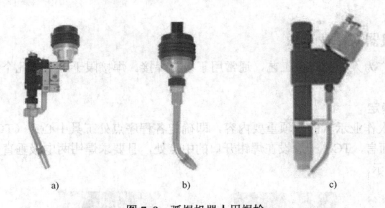

图 7-9 弧焊机器人用焊枪

a) 电缆外置式机器人气保焊枪 b) 电缆内藏式机器人气保焊枪 c) 机器人氩弧焊焊枪

弧焊机器人控制系统在控制原理、功能及组成上和通用工业机器人基本相同。目前最流行的是采用分级控制的系统结构，一般分为两级：上级具有存储单元，可实现重复编程、存储多种操作程序，负责程序管理、坐标变换、轨迹生成等；下级由若干处理器组成，每一个处理器负责一个关节的动作控制及状态检测，实时性好，易于实现高速、高精度控制。此外，弧焊机器人周边设备的控制，如工件定位夹紧、变位调控，设有单独的控制装置，可以单独编程，同时又可以和机器人控制装置进行信息交换，由机器人控制系统实现全部作业的协调控制。

弧焊系统是完成弧焊作业的核心装备，主要由弧焊电源、送丝机、焊枪和气瓶等组成。弧焊机器人多采用气体保护焊（CO_2、MIG、MAG 和 TIG），通常使用的晶闸管式、逆变式、波形控制式、脉冲或非脉冲式等焊接电源都可以装到机器人上进行电弧焊。由于机器人控制柜采用数字控制，而焊接电源多为模拟控制，所以需要在焊接电源与控制柜之间加一个接口。近年来，国外机器人生产厂都有自己特定的配套焊接设备，这些焊接设备内已插入相应的接口板，所以在有些弧焊机器人系统中并没有附加接口板。应该指出，在弧焊机器人工作周期中电弧时间所占的比例较大，因此在选择焊接电源时，一般应按持续率 100%来确定电源的容量。另外，送丝机可以装在机器人的上臂上，也可以放在机器人之外，前者焊枪到送丝机之间的软管较短，有利于保持送丝的稳定性；而后者软管较长，当机器人把焊枪送到某些位置，使软管处于多弯曲状态时会严重影响送丝的质量。因此，送丝机的安装方式一定要考虑保证送丝稳定性的问题。

安全设备是弧焊机器人系统安全运行的重要保障，主要包括驱动系统过热自断电保护、动作超限位自断电保护、超速自断电保护、机器人系统工作空间干涉自断电保护和人工急停断电保护等，它们起到防止机器人伤人或保护周边设备的作用。在机器人的末端焊枪上还装有各类触觉或接近传感器，可以使机器人在过分接近工件或发生碰撞时停止工作（相当于暂停或急停开关）。当发生碰撞时，一定要检验焊枪是否被碰歪，否则由于工具中心点的变化，焊接的路径将会发生较大的变化，从而出现废品。

7.3 焊接机器人的作业示教

7.3.1 点焊机器人作业示教

点焊是最广为人知的焊接工艺，通常用于板材焊接。焊接限于一个或几个点上，将工件互相重叠。

1. TCP 确定

工业机器人作业示教的一项重要内容，即确定各程序点处工具中心点（TCP）的位姿。对点焊机器人而言，TCP 一般设在焊钳开口的中点处，且要求焊钳两电极垂直于被焊工件表面，如 7-10 所示。

工具中心点设定　　　　　焊接作业姿态

图 7-10　点焊机器人 TCP 和焊钳作业姿态

2. 点焊作业示教

以图 7-11 所示工件焊接为例，采用示教再现方式为机器人输入两块薄板（板厚 2mm）的点焊作业程序。此程序由编号 1～5 的 5 个程序点组成，为提高工作效率，程序点 1 和 5 设在同一位置，每个程序点的任务用途见表 7-1。本例中使用的焊具为气动焊钳，通过气缸来实现焊钳的大开、小开和闭合三种动作，具体作业编程流程可参照图 7-12 所示。

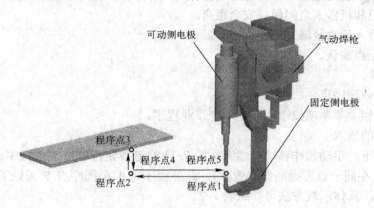

图 7-11 点焊机器人运动轨迹

表 7-1 程序点说明（点焊作业）

程 序 点	说 明	手 爪 动 作
程序点 1	机器人原点	
程序点 2	作业临近点	大开→小开
程序点 3	点焊作业点	小开→闭合
程序点 4	作业临近点	闭合→小开
程序点 5	机器人原点	小开→大开

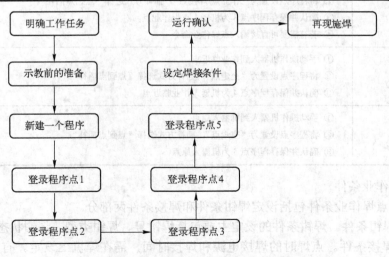

图 7-12 焊接机器人作业示教流程

（1）明确工作任务

焊接两块薄板（板厚 2mm）。

（2）示教前的准备

1）工件清理，表面无铁锈、油污等杂质。

2）确认自己和机器人之间保持安全距离。

3）确认机器人运动区域无干涉。

4）机器人原点确认。

5）安全确认。

（3）新建作业程序点

按示教器的相关菜单或按钮，新建一个作业程序。

（4）程序点的输入

在示教模式下，手动操作移动机器人按图 7-11 轨迹设定程序点 1 至程序点 5（程序点 1 和程序点 5 设置在同一点可提高作业效率），此外程序点 1 至程序点 5 需处于与工件、夹具互不干涉的位置，具体示教方法可参照表 7-2。

表 7-2　焊接作业示教

程　序　点	示　教　方　法
程序点 1 （机器人原点）	① 按第 5 章手动操作机器人要领移动机器人到焊接原点。 ② 将程序点设置为"空走点"，插补方式选择"点到点插补"。 ③ 确认并保存程序点 1 为机器人原点
程序点 2 （作业临近点）	① 手动操作机器人到作业临近点，并调整焊钳姿态。 ② 将程序点设置为"空走点"，插补方式选择"点到点插补"。 ③ 确认并保存程序点 2 为机器人作业临近点
程序点 3 （点焊作业点）	① 手动操作机器人移动到焊接作业点且保持焊钳位姿不变。 ② 将程序点设置为"作业点/焊接点"，插补方式选择"点到点插补"。 ③ 确认并保存程序点 3 为机器人点焊作业点。 ④ 若有需要可直接输入点焊作业命令
程序点 4 （作业临近点）	① 手动操作机器人到作业临近点。 ② 将程序点设置为"空走点"，插补方式选择"点到点插补"。 ③ 确认并保存程序点 4 为机器人作业临近点
程序点 5 （机器人原点）	① 手动操作机器人到机器人原点。 ② 将程序点设置为"空走点"，插补方式选择"点到点插补"。 ③ 确认并保存程序点 5 为机器人原点

（5）设定作业条件

本案例，点焊作业条件包括设定焊钳条件和焊接条件两部分。

1）设定焊钳条件。焊钳条件的设定主要包括焊钳号、焊钳类型、焊钳状态等。

2）设定焊接条件。点焊时的焊接电源和焊接时间，需在焊机上设定。有关焊接电流、压力和时间可参考表 7-3。

表 7-3 焊接参数表

板厚/mm	大电流—短时间			小电流—长时间		
	时间（周期）	压力/kgf	电流/A	时间（周期）	压力/kgf	电流/A
1.0	10	225	8800	36	75	5600
2.0	20	470	13000	64	150	8000
3.0	32	820	17400	105	260	10000

注：1 周期大约 10~20ms。

1kgf=9.8N。

（6）测试程序

确认机器人周围安全，按如下操作进行跟踪测试作业程序。

1）检查是否有急停按钮被按下，若有则将其拔出，在示教器上按 OK 后按上电按钮进行复位。

2）若机器人远离工作起始点，则必须手动将机器人移动到工作起始点附近。

3）选 MovePPtomain，此时，PP（程序运行指针）被移动到主程序第一句。

4）按上下菜单切换旋钮，可改变机器人运动速度，改变后再按一次上下菜单切换旋钮。

5）按下示教器上的使能按钮（使处于中间位置），然后按启动按钮，可在手动状态启动机器人。机器人回到起始点运行过程中需注意，若发现机器人可能与外部设备碰撞，需要立即停止运行，并手动操作机器人避开碰撞点，再按启动旋钮连续运行程序，或选择"FWD"单步执行程序。

（7）再现施焊

1）检查是否有急停按钮被按下，若有则将其拔出，在示教器上按 OK 后按上电按钮进行复位。

2）打开要再现的作业程序。

3）将模式转换钥匙切换到自动状态，按 OK 确认，按下上电按钮至指示灯亮，单击屏幕左上角"ABB"，再选择主动生产窗口，选 MovePPtomain，此时，PP（程序运行指针）被移动到主程序第一句。

4）按"程序启动"按钮，机器人开始自动运行。

7.3.2 弧焊机器人作业示教

弧焊，是在不施加外部压力的情况下，将待焊接部位的母材或外部填充材料加热融化，以形成焊缝的一种最常见的焊接方法。

1. TCP 确定

工业机器人作业示教的一项重要内容，即确定各程序点处工具中心点（TCP）的位姿。对弧焊机器人而言，TCP 一般设在焊枪尖头，如 7-13 所示。

实际作业时，需根据作业位置和板厚调整焊枪角度。以平（角）焊为例，主要采用前倾角焊（前进焊）和后倾角焊（后退焊）两种方式，如图 7-14 所示。板厚相同的话，基本上为 10°～25°，焊枪立得太直或太倒的话，难以产生熔深。前倾角焊接时，焊枪指向待焊部位，焊枪在焊丝后面移动，因电弧具有预热效果，焊接速度较快，熔深浅、焊道宽，所以一般薄板的焊接采用此法；而后倾角焊接时，焊枪指向已完成的焊缝，焊枪在焊丝前面移动，能够获得较大的熔深和较窄的焊道，通常用于厚板的焊接。同时，在板对板的连接之中，焊枪与坡口垂直。对于对称的平角焊而言，焊枪要与拐角成45°角，如图 7-15 所示。

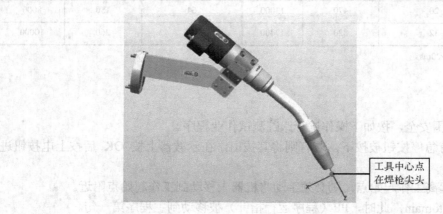

图 7-13　弧焊机器人 TCP

工具中心点
在焊枪尖头

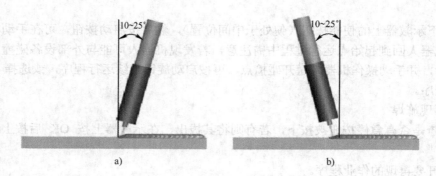

图 7-14　前倾角焊和后倾角焊

a) 前倾角焊　b) 后倾角焊

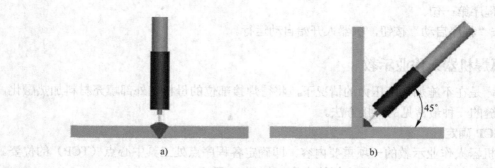

图 7-15　焊枪作业姿态

a) I 形接头对焊　b) T 形接头平角焊

（1）直线焊接

直线焊接，仅需要示教 2 个程序点（直线的两个端点），采用"直线插补"，如图 7-16 所示，直线焊接轨迹示教方法见表 7-4。

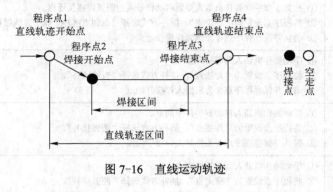

图 7-16　直线运动轨迹

表 7-4　直线焊接轨迹示教

程 序 点	示 教 方 法
程序点 1 （轨迹开始点）	① 按第 5 章手动操作机器人要领移动机器人到轨迹开始点。 ② 将程序点设置为"空走点"，插补方式选择"点到点插补"或"直线插补"。 ③ 确认并保存程序点 1 为直线轨迹开始点
程序点 2 （焊接开始点）	① 手动操作机器人到焊接开始点，并调整焊枪姿态。 ② 将程序点设置为"焊接点"，插补方式选择"直线插补"。 ③ 确认并保存程序点 2 为机器人焊接开始点
程序点 3 （焊接结束点）	① 手动操作机器人移动到焊接结束点且保持焊枪位姿不变。 ② 将程序点设置为"空走点"，插补方式选择"直线插补"。 ③ 确认并保存程序点 3 为机器人焊接结束点
程序点 4 （轨迹结束点）	① 手动操作机器人到直线轨迹结束点。 ② 将程序点设置为"空走点"，插补方式选择"点到点插补"或"直线插补"。 ③ 确认并保存程序点 4 为机器人直线轨迹结束点

（2）圆弧焊接

机器人完成弧形焊缝的焊接通常需示教 3 个以上程序点（圆弧开始点、圆弧中间点和圆弧结束点），插补方式选"圆弧插补"。当只有一个圆弧时，如图 7-17 所示，用"圆弧插补"示教程序点 2～4 三点即可。用"点到点插补"或"直线插补"示教进入圆弧插补前的程序点 1 时，程序点 1 至程序点 2 自动按直线轨迹运动，单一圆弧焊接轨迹示教方法见表 7-5。

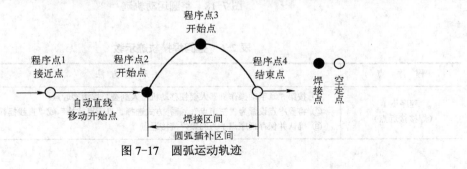

图 7-17　圆弧运动轨迹

表 7-5　单一圆弧焊接轨迹示教

程　序　点	示　教　方　法
程序点 1 （焊接接近点）	① 按第 5 章手动操作机器人要领移动机器人到圆弧焊接接近点。 ② 将程序点设置为"空走点"，插补方式选择"点到点插补"或"直线插补"。 ③ 确认并保存程序点 1 为圆弧焊接接近点
程序点 2 （焊接开始点）	① 手动操作机器人到焊接开始点。 ② 将程序点设置为"焊接点"，插补方式选择"直线插补"。 ③ 确认并保存程序点 2 为机器人焊接开始点
程序点 3 （焊接中间点）	① 手动操作机器人移动到焊接中间点。 ② 将程序点设置为"焊接点"，插补方式选择"圆弧插补"。 ③ 确认并保存程序点 3 为机器人焊接中间点
程序点 4 （焊接结束点）	① 手动操作机器人到焊接结束点。 ② 将程序点设置为"空走点"，插补方式选择"圆弧插补"。 ③ 确认并保存程序点 4 为机器人焊接结束点

　　焊接整圆，如图 7-18 所示，用"圆弧插补"示教程序点 2～5 四点。同单一圆弧示教类似，用"点到点插补"或"直线插补"示教进入圆弧插补前的程序点 1 时，程序点 1→ 程序点 2 自动按直线轨迹运动。当存在多个圆弧中间点时，机器人将通过当前程序点和后面 2 个临近程序点来计算和生成圆弧轨迹。只有在圆弧插补区间临结束时才使用当前程序点、上一临近程序点和下一临近程序点，整圆焊接轨迹示教方法见表 7-6。

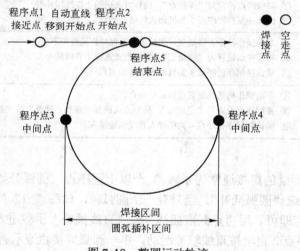

图 7-18　整圆运动轨迹

表 7-6　整圆焊接轨迹示教

程　序　点	示　教　方　法
程序点 1 （焊接接近点）	① 按第 5 章手动操作机器人要领移动机器人到圆弧焊接接近点。 ② 将程序点设置为"空走点"，插补方式选择"点到点插补"或"直线插补"。 ③ 确认并保存程序点 1 为圆弧焊接接近点

程 序 点	示 教 方 法
程序点 2 （焊接开始点）	① 手动操作机器人到焊接轨迹开始点。 ② 将程序点设置为"焊接点"，插补方式选择"直线插补"。 ③ 确认并保存程序点 2 为机器人焊接开始点
程序点 3 （焊接中间点）	① 手动操作机器人移动到焊接中间点。 ② 将程序点设置为"焊接点"，插补方式选择"圆弧插补"。 ③ 确认并保存程序点 3 为机器人焊接中间点
程序点 4 （焊接中间点）	① 手动操作机器人移动到焊接中间点。 ② 将程序点设置为"焊接点"，插补方式选择"圆弧插补"。 ③ 确认并保存程序点 4 为机器人焊接中间点
程序点 5 （焊接结束点）	① 手动操作机器人到焊接结束点。 ② 将程序点设置为"空走点"，插补方式选择"圆弧插补"。 ③ 确认并保存程序点 5 为机器人焊接结束点

　　连续圆弧焊接，如图 7-19 所示，示教连续圆弧轨迹时，通常需要执行圆弧分离。即在前圆弧与后圆弧的连接点的相同位置加入"点到点插补"或"直线插补"的程序点，连续圆弧焊接轨迹示教方法见表 7-7。

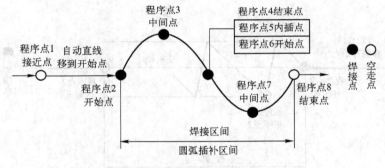

图 7-19　连续圆弧运动轨迹

表 7-7　整圆焊接轨迹示教

程 序 点	示 教 方 法
程序点 1 （焊接接近点）	① 按第 5 章手动操作机器人要领移动机器人到圆弧焊接接近点。 ② 将程序点设置为"空走点"，插补方式选择"点到点插补"或"直线插补"。 ③ 确认并保存程序点 1 为圆弧焊接接近点
程序点 2 （首段圆弧开始点/焊接 开始点）	① 手动操作机器人到首段圆弧焊接轨迹开始点。 ② 将程序点设置为"焊接点"，插补方式选择"直线插补"。 ③ 确认并保存程序点 2 为机器人首段圆弧开始点/焊接开始点
程序点 3 （首段圆弧中间点/焊接 中间点）	① 手动操作机器人移动到焊接中间点。 ② 将程序点设置为"焊接点"，插补方式选择"圆弧插补"。 ③ 确认并保存程序点 3 为机器人首段圆弧中间点/焊接中间点
程序点 4 （首段圆弧结束点/焊接 中间点）	① 手动操作机器人移动到首段圆弧结束点。 ② 将程序点设置为"焊接点"，插补方式选择"圆弧插补"。 ③ 确认并保存程序点 4 为机器人首段圆弧结束点/焊接中间点

程 序 点	示 教 方 法
程序点5 （两端圆弧分割点/焊接中间点）	① 保持程序点4位置不动，根据实际需要调整作业姿态。 ② 将程序点设置为"焊接点"，插补方式选择"圆弧插补"。 ③ 确认并保存程序点5为机器人两端圆弧分割点/焊接中间点
程序点6 （末段圆弧开始点/焊接中间点）	① 保持程序点4位置不动，根据实际需要调整作业姿态。 ② 将程序点设置为"焊接点"，插补方式选择"圆弧插补"。 ③ 确认并保存程序点6为机器人末段圆弧开始点/焊接中间点
程序点7 （末段圆弧中间点/焊接中间点）	① 手动操作机器人到末段圆弧中间点。 ② 将程序点设置为"焊接点"，插补方式选择"圆弧插补"。 ③ 确认并保存程序点7为机器人末段圆弧中间点/焊接中间点
程序点8 （末段圆弧结束点/圆弧焊接结束点）	① 手动操作机器人到焊接结束点。 ② 将程序点设置为"空走点"，插补方式选择"圆弧插补"。 ③ 确认并保存程序点8为机器人末段圆弧结束点/圆弧焊接结束点

（3）附加摆动

机器人完成直线/环形焊缝的摆动焊接一般需要增加 1~2 个振幅点的示教，如图 7-20 所示。摆动参数包括摆动类型、摆动频率、摆动幅度、摆动点停留时间以及主路径移动速度等，可参考机器人操作手册进行设置。

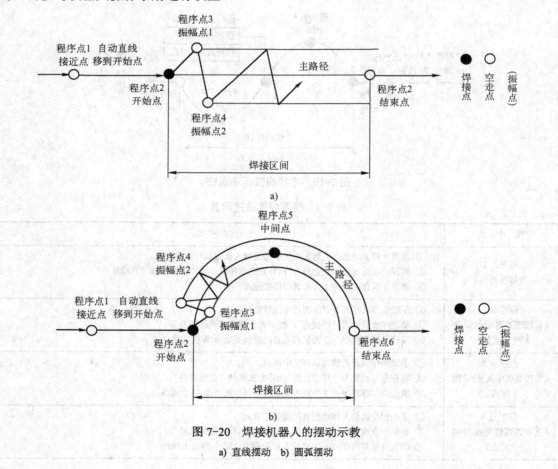

图 7-20 焊接机器人的摆动示教

a) 直线摆动 b) 圆弧摆动

2. 弧焊作业示教

以图 7-21 所示工件焊接为例,采用在线示教方式为机器人输入 AB、CD 两段弧焊作业程序,加强对直线、圆弧的示教。此程序由程序点 1~9 的 9 个程序点组成,每个程序点的用途说明见表 7-8,具体作业编程流程可参照图 7-22 所示。本程序以 ABB 码垛机器人为例。

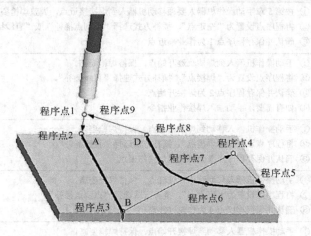

图 7-21　弧焊机器人运动轨迹

表 7-8　程序点说明(弧焊作业)

程 序 点	说　明	程 序 点	说　明
程序点 1	作业临近点	程序点 6	焊接中间点
程序点 2	焊接开始点	程序点 7	焊接中间点
程序点 3	焊接结束点	程序点 8	焊接结束点
程序点 4	作业过渡点	程序点 9	作业临近点
程序点 5	焊接开始点		

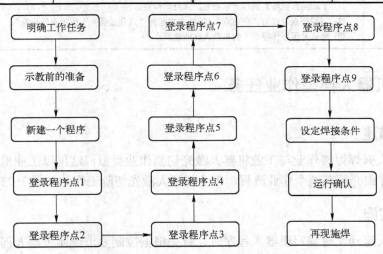

图 7-22　弧焊机器人作业示教流程

焊接作业示教流程与点焊机器人示教流程相似，不再赘述。具体示教方法见表 7-9。

表 7-9　弧焊作业示教

程　序　点	示　教　方　法
程序点 1 （作业临近点）	① 按第 5 章手动操作机器人要领移动机器人到焊接接近点，调整焊枪姿态。 ② 将程序点设置为"空走点"，插补方式选择"点到点插补"或"直线插补"。 ③ 确认并保存程序点 1 为作业临近点
程序点 2 （焊接开始点）	① 手动操作机器人到焊接轨迹开始点，保持焊枪姿态。 ② 将程序点设置为"焊接点"，插补方式选择"直线插补"。 ③ 确认并保存程序点 2 为焊接开始点。 ④ 如有需要，手动输入焊接作业指令
程序点 3 （焊接结束点）	① 手动操作机器人移动到焊接结束点，保持焊枪姿态。 ② 将程序点设置为"焊接点"，插补方式选择"直线插补"。 ③ 确认并保存程序点 3 为机器人焊接结束点
程序点 4 （作业过渡点）	① 手动操作机器人移动到作业过渡点，保持焊枪姿态。 ② 将程序点设置为"空走点"，插补方式选择"点到点插补"。 ③ 确认并保存程序点 4 为作业过渡点
程序点 5 （焊接开始点）	① 手动操作机器人移动到焊接开始点，保持焊枪姿态。 ② 将程序点设置为"焊接点"，插补方式选择"直线插补"。 ③ 确认并保存程序点 5 为机器人焊接开始点
程序点 6 （焊接中间点）	① 手动操作机器人移动到焊接中间点，保持焊枪姿态。 ② 将程序点设置为"焊接点"，插补方式选择"圆弧插补"。 ③ 确认并保存程序点 6 为机器人焊接中间点
程序点 7 （焊接中间点）	① 手动操作机器人移动到焊接中间点，保持焊枪姿态。 ② 将程序点设置为"焊接点"，插补方式选择"圆弧插补"。 ③ 确认并保存程序点 7 为机器人圆弧焊接结束点
程序点 8 （焊接结束点）	① 手动操作机器人到焊接结束，保持焊枪姿态。 ② 将程序点设置为"焊接点"，插补方式选择"直线插补"。 ③ 确认并保存程序点 8 为机器人焊接结束点
程序点 9 （作业临近点）	① 手动操作机器人到作业临近点，保持焊枪姿态。 ② 将程序点设置为"空走点"，插补方式选择"点到点插补"或"直线插补"。 ③ 确认并保存程序点 9 为机器人作业临近点

7.4　焊接机器人典型作业任务

7.4.1　任务描述

工业机器人弧焊焊接作业与工业机器人激光切割作业类似，这里以工业机器人激光切割作业任务为例详细介绍其整个作业流程。工业机器人激光切割工作站如图 7-23 所示。

7.4.2　任务实施

根据机器人运动轨迹编写机器人程序时，首先根据控制要求绘制机器人程序流程图，然后编写机器人主程序和子程序。子程序主要包括直线切割子程序、圆切割子程序、直线+圆子程序。编写子程序前要先设计好机器人的运行轨迹及定义好机器人的程序点。

1. 设计机器人程序流程

根据控制功能，设计机器人程序流程图，如图 7-24 所示。

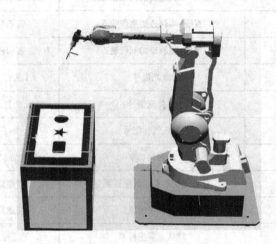

图 7-23 工业机器人激光切割工作站

图 7-24 机器人程序流程图

2. 机器人运动所需示教点

根据如图 7-25 所示的机器人的运行轨迹分布图，可确定其运动所需的示教点，见表 7-10。

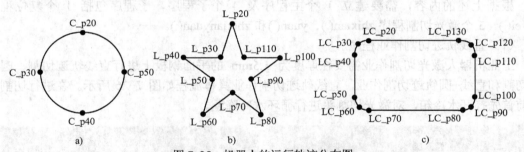

图 7-25 机器人的运行轨迹分布图

a) 圆轨迹切割 b) 直线轨迹切割 c) 直线+圆轨迹切割

表 7-10 关键示教点、信号和坐标系

序　号	示教点、信号和坐标系	说　明	备　注
1	p_home	机器人原点位置	需示教
2	L_p10	直线轨迹切割作业临近点	需示教
3	L_p20～L_p110	直线轨迹切割作业点	需示教
4	L_p120	直线轨迹切割作业规避点	需示教
5	C_p10	圆轨迹切割作业临近点	需示教
6	C_p20～C_p50	圆轨迹切割作业点	需示教
7	C_p60	圆轨迹切割作业规避点	需示教

序　号	示教点、信号和坐标系	说　明	备　注
8	LC_p10	直线+圆轨迹切割作业临近点	需示教
9	LC_p20～LC_p130	直线+圆轨迹切割作业点	需示教
10	LC_p140	直线+圆轨迹切割规避点	需示教
11	do_00	激光信号	1 为打开
12	do01	红外光信号	1 为打开
13	do02	高压气体信号	1 为打开
14	AO_0	激光器功率	最大为 500W
15	tool1	激光切割头工具坐标系	需建立
16	jgqg_wobj1	工件坐标系	需建立
17	tool0	默认工具坐标系	无需建立
18	wobj0	默认工件坐标系	无需建立

3．ABB 机器人程序设计

根据上述的内容，需要建立 1 个主程序及 4 个子程序，子程序包括 1 个复位程序 fuwei( )，3 个激光切割程序 zhixian( )、yuan( )和 zhixianyuan( )。

（1）直线轨迹切割作业程序

工业机器人激光切割作业需要在厚度为 1.5mm 的平面钢板上进行直线轨迹切割、圆轨迹切割和直线+圆轨迹切割作业，直线轨迹切割作业具体流程如图 7-26 所示。在进行切割作业前首先打开水冷箱，对激光切割头进行循环水冷降温。

a)　　　　　　　　　　　　　　　　　　　b)

图 7-26　直线轨迹切割流程

a) 机器人原点位置　b) 直线轨迹切割作业临近点

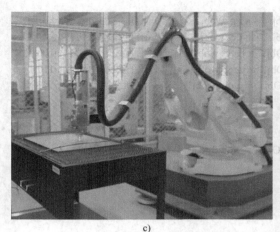

c) d)

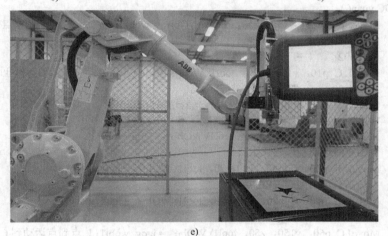

e)

图 7-26 直线轨迹切割流程（续）

c) 直线轨迹切割作业点   d) 直线轨迹切割作业规避点   e) 激光切割零件

直线轨迹切割作业程序如下：

```
PROC zhixian( )
    MoveJ p_home，v150，z50，tool0\ WObj：= wobj0；              ! 运动到原点位置
    Set do01；  ! 打开红外光
    Set do02；  ! 打开高压气体
    MoveL L_p10，v150，z50，tool1\ WObj：= jgqg_wobj1；    ! 运动到作业临近点
    Set do_00；              ! 打开激光
    Set AO  AO_0，500；  ! 设置激光器功率为500W
    WaitTime 2；
    MoveL L_p20，v150，fine，tool1\ WObj：= jgqg_wobj1；
    ! 沿直线运动到作业开始点
    MoveL L_p30，v10，fine，tool1\ WObj：= jgqg_wobj1；  ! 沿直线运动到 L_p30 点
    MoveL L_p40，v10，fine，tool1\ WObj：= jgqg_wobj1；  ! 沿直线运动到 L_p40 点
    MoveL L_p50，v10，fine，tool1\ WObj：= jgqg_wobj1；  ! 沿直线运动到 L_p50 点
    MoveL L_p60，v10，fine，tool1\ WObj：= jgqg_wobj1；  ! 沿直线运动到 L_p60 点
    MoveL L_p70，v10，fine，tool1\ WObj：= jgqg_wobj1；  ! 沿直线运动到 L_p70 点
```

```
              MoveL L_p80, v10, fine, tool1\WObj：= jgqg_wobj1；        ！沿直线运动到 L_p80 点
              MoveL L_p90, v10, fine, tool1\WObj：= jgqg_wobj1；        ！沿直线运动到 L_p90 点
              MoveL L_p100, v10, fine, tool1\WObj：= jgqg_wobj1；       ！沿直线运动到 L_p100 点
              MoveL L_p110, v10, fine, tool1\WObj：= jgqg_wobj1；       ！沿直线运动到 L_p110 点
              MoveJ L_p120, v150, z50, tool1\WObj：= jgqg_wobj1；       ！点到点运动到 L_p120 点
              Reset do_00；  ！关闭激光器
              Reset do01；  ！关闭红外光
              Reset do02；  ！关闭高压气体
              MoveJ p_home, v150, z50, tool0\WObj：= wobj0；     ！运动到原点位置
          ENDPROC
```

（2）圆轨迹切割作业程序

圆轨迹切割作业程序如下：

```
          PROC yuan( )
              MoveJ p_home, v150, z50, tool0\WObj：= wobj0；            ！运动到原点位置
              Set do01；  ！打开红外光
              Set do02；  ！打开高压气体
              MoveL C_p10, v150, z50, tool1\WObj：= jgqg_wobj1；        ！运动到作业临近点
              Set do_00；              ！打开激光
              Set AO  AO_0, 500；  ！设置激光器功率为 500W
              WaitTime 2；
              MoveL C_p20, v150, fine, tool1\WObj：= jgqg_wobj1；
              ！沿直线运动到作业开始点
              MoveC C_p30, C_p40, v10, z0, tool1\WObj：= jgqg_wobj1；
              ！沿圆弧运动到 C_p40 点
              MoveC C_p50, C_p20, v10, z0, tool1\WObj：= jgqg_wobj1；
              ！沿圆弧运动到 C_p20 点
              MoveJ C_p60, v150, z50, tool1\WObj：= jgqg_wobj1；！点到点运动到 C_p60 点
              Reset do_00；  ！关闭激光器
              Reset do01；  ！关闭红外光
              Reset do02；  ！关闭高压气体
              MoveJ p_home, v150, z50, tool0\WObj：= wobj0；     ！运动到原点位置
          ENDPROC
```

（3）直线+圆轨迹切割作业程序

直线+圆轨迹切割作业程序如下：

```
          PROC zhixianyuan( )
              MoveJ p_home, v150, z50, tool0\WObj：= wobj0；            ！运动到原点位置
              Set do01；  ！打开红外光
              Set do02；  ！打开高压气体
              MoveL LC_p10, v150, z50, tool1\WObj：= jgqg_wobj1；       ！运动到作业临近点
              Set do_00；              ！打开激光
              Set AO  AO_0, 500；  ！设置激光器功率为 500W
              WaitTime 2；
              MoveL LC_p20, v150, fine, tool1\WObj：= jgqg_wobj1；
              ！沿直线运动到作业开始点
              MoveC LC_p30, LC_p40, v10, z0, tool1\WObj：= jgqg_wobj1；
```

```
                    ！沿圆弧运动到 LC_p40 点
        MoveL LC_p50，v10，fine，tool1\WObj：= jgqg_wobj1；
                    ！沿直线运动到 LC_p50 点
        MoveC LC_p60，LC_p70，v10，z0，tool1\WObj：= jgqg_wobj1；
                    ！沿圆弧运动到 LC_p70 点
        MoveL LC_p80，v10，fine，tool1\WObj：= jgqg_wobj1；
                    ！沿直线运动到 LC_p80 点
        MoveC LC_p90，LC_p100，v10，z0，tool1\WObj：= jgqg_wobj1；
                    ！沿圆弧运动到 LC_p100 点
        MoveL LC_p110，v10，fine，tool1\WObj：= jgqg_wobj1；
                    ！沿直线运动到 LC_p110 点
        MoveC LC_p120，LC_p130，v10，z0，tool1\WObj：= jgqg_wobj1；
                    ！沿圆弧运动到 LC_p130 点
        MoveL LC_p20，v10，fine，tool1\WObj：= jgqg_wobj1；
                    ！沿直线运动到 LC_p20 点
        MoveJ LC_p140，v150，z50，tool1\WObj：= jgqg_wobj1；
                    ！点到点运动到 LC_p140 点
        Reset do_00；    ！关闭激光器
        Reset do01；     ！关闭红外光
        Reset do02；     ！关闭高压气体
        MoveJ p_home，v150，z50，tool0\WObj：= wobj0；    ！运动到原点位置
    ENDPROC
```

（4）复位和主作业程序

复位程序如下：

```
    PROC fuwei( )
        Reset do_00；    ！关闭激光器
        Reset do01；     ！关闭红外光
        Reset do02；     ！关闭高压气体
        MoveJ p_home，v150，z50，tool0\WObj：= wobj0；    ！运动到原点位置
    ENDPROC
```

激光切割主程序如下：

```
    PROC main( )
        fuwei；          ！调用复位子程序
        zhixian；        ！调用直线切割轨迹子程序
        yuan；           ！调用圆切割轨迹子程序
        zhixianyuan；    ！调用直线+圆切割轨迹子程序
        fuwei；          ！调用复位子程序
    ENDPROC
```

4．机器人程序调试

建立主程序 main 和子程序，并确保所有指令的速度值不能超过 150mm/s。程序编写完成，调试机器人程序。单击"调试"按钮，单击"PP 移至例行程序…"，单击"fuwei"，单击"确定"，程序指针指在"fuwei"程序的第一条语句，如图 7-27 所示。

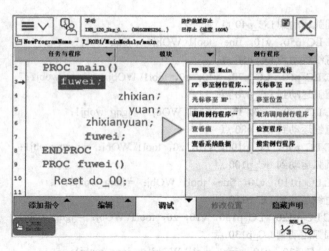

图 7-27 工业机器人激光切割程序调试

用正确的方法手握着示教器，按下使能按钮，示教器上显示"电机开启"，然后按下"单步向前按钮"，机器人程序按顺序往下执行程序。第一次运行程序务必单步运行程序，直至程序末尾，确定机器人运行每一条语句都没有错误，与工件不会发生碰撞，才可以按下"连续运行"按钮。需要停止程序时，先按下"停止"，再松开使能按钮。

7.5　焊接机器人工作站布局

为完焊接任务，除需要焊接机器人外，还需要与之匹配的周边设备和合理的工位布局，以提高焊接质量和焊接效率。

7.5.1　周边设备

目前，常见的焊接机器人辅助装置有变位机、滑移平台、清枪装置和工具快换装置等。

1. 变位机

对于有些焊接场合，由于工件空间几何形状过于复杂，使焊接机器人的末端工具无法到达指定的焊接位置或姿态，此时可以通过增加 1~3 个外部轴的办法来增加机器人的自由度。其中一种做法是采用变位机让焊接工件移动或转动，使工件上的待焊部位进入机器人的作业空间，如图 7-28 所示。变位机是专用焊接辅助设备，主要任务是将负载（焊接工夹具和焊件）按预编的程序进行回转和翻转，使工件接缝的位置始终处于最佳焊接状态。通过工作台的升降、翻转和回转，固定在工作台上的工件可以达到所需的焊接跟随角度。

焊接变位机工作台的回转运动，多采用直流电动机驱动，无级变速工作台的倾斜运动有两种驱动方式：一种是电动机经减速器减速后通过扇形齿轮带动工作台倾斜或通过螺旋副使工作台倾斜；另一种是采用液压缸直接推动工作台倾斜。这两种驱动方式都有应用，在小型变位机上以电动机驱动为多。工作台的倾斜速度多为恒定的，但对于空间曲线焊接及空间曲面堆焊的变位机，则是无级调速的。另外，在驱动系统的控制回路中，应有行程保护、过载保护、断电保护及工作台倾斜角度指示等功能。

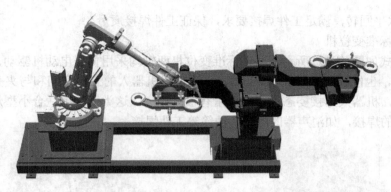

图 7-28　焊接机器人外部轴扩展

工作台的回转运动应具有较宽的调速范围，国产变位机的调速比一般为 1:33 左右；国外产品一般为 1:40，有的甚至达 1:200。工作台回转时，速度应平稳均匀，在最大载荷下的速度波动不得超过 5%。另外，工作台倾斜时，特别是向上倾斜时，运动应自如，即使在最大载荷下，也不应产生抖动。

焊接变位机按轴数量与布局形式不同可分为以下几种。

（1）单轴翻转变位机

其结构形式如图 7-29 所示。单轴翻转变位机驱动采用伺服电动机或者普通电动机驱动，通常工作翻转速度可调，其功能是配合焊接机器人按预定程序将夹具上的工件翻转一定的角度，以满足焊接要求，保证工件焊接质量。单轴翻转变位机在焊接机器人工作站中是应用最广泛的设备。

（2）单轴悬臂变位机

其结构形式如图 7-30 所示。单轴悬臂变位机驱动采用伺服电动机，通常工作的翻转速度是可调的，其功能是配合焊接机器人按预定程序将夹具上的工件翻转一定的角度，以便满足焊接要求，保证工件焊接质量。这类变位机适合小型焊接工作站，节约空间，亦可实现一台机器人、两台变位机的高效率生产。

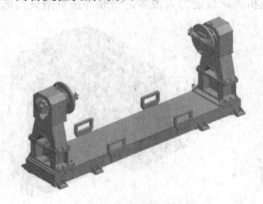

图 7-29　单轴翻转变位机

图 7-30　单轴悬臂变位机

（3）单轴水平回转变位机

其结构形式如图 7-31 所示。单轴水平回转变位机适合小型工作站、小工件的焊接，可实现±180°水平回转，满足工件焊接要求，保证工件焊接质量。

（4）双轴标准变位机

其结构形式如图 7-32 所示。双轴标准变位机两轴均采用伺服电动机驱动，焊接夹具实现翻转的同时，也能实现±180°水平回转，这使得机器人的工作空间和与夹具的相互协调能力大大增强，机器人焊接姿态和焊缝质量有很大提高。这类变位机适合小型焊接工作站，常用于小工件的焊接，如消声器的尾管、油箱等工件焊接。

图 7-31　单轴水平回转变位机　　　　　图 7-32　双轴标准变位机

（5）L 型双轴变位机

其结构形式如图 7-33 所示。L 型双轴变位机两轴均采用伺服电动机驱动，焊接夹具可实现翻转的同时，亦可实现±180°水平回转，这使得机器人与夹具的相互协调能力大大增强，机器人焊接姿态和焊缝质量有很大提高。这类变位机的承载能力比上述双轴标准变位机大，第一轴的翻转角度亦大，适合较大工件的焊接。L 型双轴变位机是双轴变位机的升级设备。

（6）C 型双轴变位机

其结构形式如图 7-34 所示。C 型双轴变位机与 L 型双轴变位机原理相近，但是第二轴的上端与夹具固定，采用回转支撑与电动机驱动端同步。C 型双轴变位机的第一轴减速比大，就结构来说，其承载能力要比 L 型双轴变位机的承载能力大很多，一般焊接重型夹具选用。

图 7-33　L 型双轴变位机　　　　　图 7-34　C 型双轴变位机

（7）三轴垂直翻转变位机

其结构形式如图 7-35 所示。三轴垂直翻转变位机第一轴的翻转实现夹具 A/B 侧的换位，第二轴/第三轴的自身翻转实现夹具自动翻转。此变位机实现了与机器人的同步协调动作，驱动均采用伺服电动机，两套同样的夹具一起工作，A 侧机器人焊接的同时，B 侧是人工装件。此变位机对于整个工作站来说，工作效率大大提高。

选用三轴垂直翻转变位机的机器人焊接工作站较大，工作站的安全性较高，一般用于大型工件的焊接。跨距较小的夹具可用单机实现焊接，对于跨距较大的夹具，一个机器人无法完全满足焊接时，可选用双机同时焊接，以满足工件的焊缝要求。

（8）三轴水平回转变位机

其结构形式如图 7-36 所示。三轴水平回转变位机是三轴变位机的不同类型的设备，工作原理与三轴垂直翻转变位机基本相同，但是，第一轴要通过回转实现夹具 A/B 侧的换位，第二轴/第三轴依然是通过自身翻转实现夹具自动翻转。此变位机实现了与机器人的同步协调，驱动均采用伺服电动机，两套同样的夹具一起工作，A 侧机器人焊接的同时，B 侧是人工装件。

三轴水平回转变位机工作站的安全性比三轴垂直翻转变位机稍低。此类变位机整台设备半径较大，一般采用单机焊接。

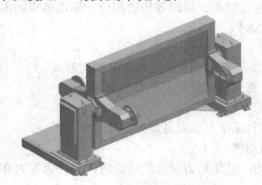

图 7-35　三轴垂直翻转变位机

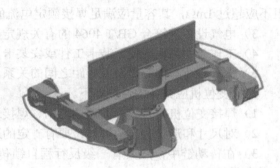

图 7-36　三轴水平回转变位机

（9）五轴变位机

其结构形式如图 7-37 所示。五轴变位机分 A/B 工位，两侧的工作原理相同，可实现夹具的回转和翻转。第一轴的翻转实现夹具自身回转，第二轴实现夹具自动翻转，第三轴实现变位机 A/B 工位的位置变换；通过各个轴的协调，达到更佳的工件焊接效果。

五轴驱动均采用伺服电动机，两套同样的夹具一起工作，A 侧机器人焊接的同时，B 侧是人工装件。此变位机对于整个工作站来说，工作效率大大提高。

变位机技术要求如下。

（1）回转驱动

1）回转驱动应实现无级调速，并可逆转。

2）在回转速度范围内，承受最大载荷时转速波动不超过 5%。

（2）倾斜驱动

1）倾斜驱动应平稳，在最大载荷下不抖动，整机不得倾覆。最大载荷 Q 超过 25kg 时应具有动力驱动功能。

2）应设有限位装置，控制倾斜角度，并有角度指示标志。

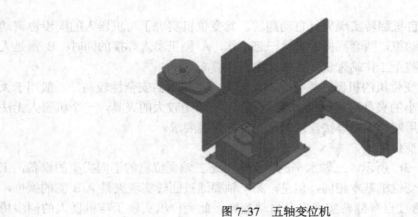

图 7-37　五轴变位机

3）倾斜机构要具有自锁功能，在最大载荷下不滑动，安全可靠。

（3）其他

1）变位机控制部分应设有供自动焊接用的联动接口。

2）变位机应设有导电装置，以免焊接电流通过轴承、齿轮等传动部位。导电装置的电阻不应超过 1mΩ，其容量应满足焊接额定电流的要求。

3）电气设备应符合 GB/T 4064 的有关规定。

4）工作台的结构应便于装卡工件或安装卡具，也可与用户协商确定其结构形式。

5）最大载荷与偏心距及重心距之间的关系，在变位机使用说明书中查阅。

焊接变位机应具备的性能如下。

1）焊接变位机要有较宽的调速范围、焊接运行速度，以及良好的结构刚度。

2）对尺寸和形状各异的焊件，要有一定的适用性。

3）在传动链中，应具有一级反行程自锁传动，以免动力源突然切断时，焊件因重力作用而发生事故。

4）与焊接机器人和精密焊接作业配合使用的焊接变位机，视焊件大小和工艺方法的不同，其到位精度（点位控制）和运行轨迹精度（轮廓控制）应控制在 0.1～2mm 之间，最高精度应可达 0.01mm。

5）回程速度要快，但应避免产生冲击和振动。

6）有良好的接电、接水、接气设施，以及导热和通风性能。

7）整个结构要有良好的密闭性。以免焊接飞溅物的损伤，对散落在其上的焊渣、药皮等物，应易被清除。

8）焊接变位机要有联动控制接口和相应的自保护功能集中控制和相互协调动作。

9）工作台面上应刻有安装基线，装各种定位工件和夹紧机构。

10）兼作装配用的焊接变位机抗冲击性能要好。并设有安装槽孔，工作台面要有较高的强度和抗冲击性能。

11）用于电子束焊、等离子弧焊、激光焊和钎焊的焊接变位机，应满足导电、隔磁、绝缘等方面的特殊要求。

2. 滑移平台

随着机器人应用领域的不断延伸，经常遇到大型结构件的焊接作业。针对这些场合，可以把机器人本体装在可移动的滑移平台或龙门架上，以扩大机器人本体的作业空间；或者采用变位机和滑移平台的组合，确保工件的待焊部位和机器人都处于最佳焊接位置和姿态，如图 7-38 所示。滑移平台的动作控制可以看作是机器人关节坐标系下的一轴。

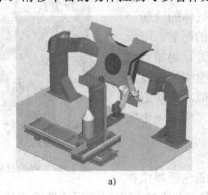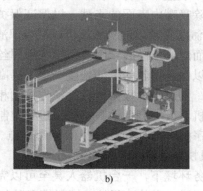

a)   b)

图 7-38　工程机械结构件的机器人焊接作业

a) 挖掘机中心支架　b) 挖掘机动臂

3. 清枪装置

机器人在施焊过程中焊钳的电极头氧化磨损，焊枪喷嘴内外残留的焊渣以及焊丝干伸长度的变化等势必影响到产品的焊接质量及其稳定性。焊钳电极修磨机（点焊）和焊枪自动清枪站（弧焊）正是在这种背景下产生的，如图 7-39 所示。

a)   b)

图 7-39　焊接机器人清枪装置

a) 焊钳电极修磨机　b) 焊枪自动清枪站

（1）焊钳电极修磨机

为点焊机器人配备自动电极修磨机，可实现电极头工作面氧化磨损后的修磨过程自动化和提高生产线节拍。同时，也可避免人员频繁进入生产线所带来的安全隐患。电极修磨机由机器人控制柜通过数字 I/O 接口控制，一般通过编制专门的电极修磨程序块以供其他作业程序调用。电极修磨完成后，需根据修磨量的多少对焊钳的工作行程进行补偿。

（2）焊枪自动清枪站

焊枪自动清枪站主要包括焊枪清洗机、喷硅油/防飞溅装置和焊丝剪断装置三部分，如图 7-40 所示。焊枪清洗机主要功能是清除喷嘴内表面的飞溅，以保证保护气体的通畅；喷硅油/防飞溅装置喷出的防溅液可以减少焊渣的附着，降低维护频率；而焊丝剪断装置主要用于利用焊丝进行起始点检测的场合，以保证焊丝的干伸长度一定，提高检测的精度和起弧的性能。同焊钳电极修磨机的动作控制相似，自动清枪站也是通过机器人控制柜的数字接口进行控制。编制一个完整的清枪程序模块一般需要 15～18 个程序点。

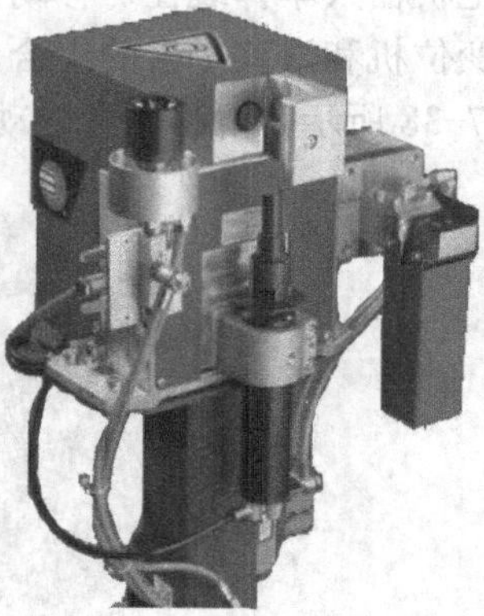

图 7-40　焊枪自动清洗站

4. 工具快换装置

在多任务环境下，一台机器人甚至可以完成包括焊接在内的抓取、搬运、安装、焊接、卸料等多种任务，机器人可以根据程序要求和任务性质，自动更换机器人手腕上的工具，完成相应的任务。图 7-41 是针对点焊机器人多任务需求而开发的自动工具转换装置。一个工具自动更换装置由三部分构成，分别是连接器、主侧和工具侧。主侧安装在机器人上，工具侧安装在工具上，两侧可以自动气压锁紧，连接的同时可以连通和传递电信号、气体、水等介质。机器人工具快换装置为自动更换各种工具并连通介质提供了极大的柔性，实现了机器人功能的多样化和生产线效率的最大化，能够快速适应多品种小批量生产现场。

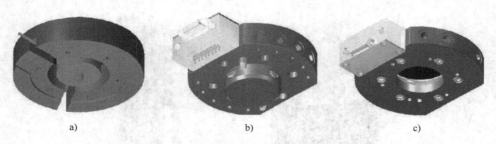

图 7-41　工具自动更换装置
a) 机器人末端法兰连接器　b) 主侧　c) 工具侧

同样，在弧焊机器人作业过程中，焊枪是一个重要的执行工具，需要定期更换或清理焊枪配件，如导电嘴、喷嘴等，这样不仅浪费工时，且增加维护费用。采用自动换枪装置（图 7-42）可有效解决此问题，使得机器人空闲时间大为缩短，焊接过程的稳定性、系统的可用性、产品质量和生产效率都大幅度提高，适用于不同填充材料或必须在工作过程中改变焊接方法的自动焊接作业场合。

5. 焊接烟尘净化器

焊接烟尘净化器用于焊接、切割、打磨等工序中产生烟尘和粉尘的净化以及对稀有金属、贵重物料的回收等，可净化大量悬浮在空气中对人体有害的细小金属颗粒，如图 7-43 所示。具有净化效率高、噪声低、使用灵活、占地面积小等特点。适用于手把焊、电弧焊、二氧化碳保护焊、MAG 焊接、碳弧气刨焊、气熔割、特殊焊接等产生烟气的作业场所。设备主要部件包括万向吸尘臂、耐高温吸尘软管、吸尘罩（带风量调节阀）、阻火网、阻燃高效滤芯、带刹车的脚轮、风机、电机、脉冲电磁阀等。

图 7-42　自动换枪装置　　　　　　　图 7-43　焊接烟尘净化器

焊接机器人是成熟、标准、批量生产的高科技产品，但其周边设备是非标准的，需要专业设计和非标产品制造。周边设备设计的依据是焊接工件，由于焊接工件的差异很大，需要的周边设备差异也就很大，繁简不一。

7.5.2　工位布局

焊接机器人与周边设备组成的系统称为焊接机器人集成系统（工作站）。

1. 单工位固定式机器人焊接工作站

基本配置：机器人系统、焊接电源、焊枪、清枪装置、机器人底座、工装夹具、防护网、焊接平台等，工位布局如图 7-44 所示。

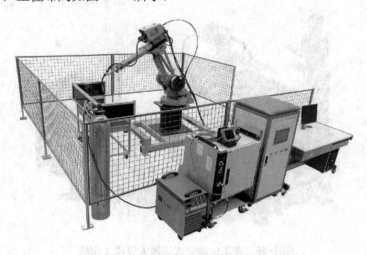

图 7-44　单工位固定式机器人焊接工作站

2. 双工位固定式机器人焊接工作站

基本配置：机器人系统、焊接电源、焊枪、清枪装置、机器人底座、工装夹具、防护网、焊接平台等，工位布局如图 7-45 所示。适合于小型结构件产品的自动化焊接；大大降低人力物流强度；操作方便、安全快捷；夹具拆卸更换方便，自动化拓展性强；工位排布相当于一字型，不仅工位可成固定式一字型，也可选工位变位式一字型排布；适应于MAG/MIG/TIG/等离子弧焊自动焊接工艺，也能应用于机器人激光切割焊接等用途。

图 7-45　双工位固定式机器人焊接工作站

3．多工位固定式机器人焊接工作站

基本配置：机器人系统、焊接电源、焊枪、清枪装置、机器人底座、工装夹具、防护网、焊接平台等，工位布局如图 7-46 所示。适于不需要自动翻面的小型结构件的自动化焊接；根据工件尺寸及人工物流强度来选择实际布局；站体结构简单，可靠性强，对于同类尺寸的工件自动化焊接兼容性强；站体采用一体式结构，对于设备的搬迁和挪动非常方便；夹具采用气动手动均可。

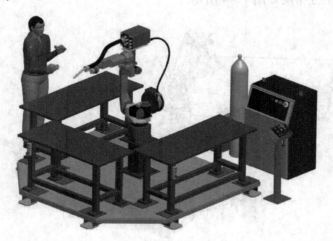

图 7-46　多工位固定式机器人焊接工作站

4．行走+焊接机器人组合的工作站

基本配置：机器人系统、滑移平台、焊接电源、焊枪、清枪装置、机器人底座、工装夹具、防护网、焊接平台等，工位布局如图 7-47 所示。适合于三维面焊接件，无论是直线、曲线、圆弧焊缝，都能较理想使焊缝处于船型焊接位置，可有效保证焊枪的可达性及焊缝的

工艺性；采用高精度伺服电动机及减速机保证变位的重复定位精度，夹具拆卸更换方便，自动化拓展性强；可选配机器人本体同类型电动机，可达到 8 轴协调联动；利用机器人在 X 向行走，不仅解决超长工件的可焊性，而且还可以让开吊具对工件取放的阻碍；主要适应于 MAG 自动焊接工艺，能充分体现机器人寻位、电弧跟踪、多层多道的应用价值；多工位成一字形摆放，可以有效提高装件取件的时间值，充分保证利用机器人生产价值。

图 7-47　行走+焊接机器人组合的工作站

5. U 型变位机+焊接机器人组合的工作站

基本配置：机器人系统、滑移平台、焊接电源、焊枪、清枪装置、机器人底座、工装夹具、防护网、焊接变位机等，工位布局如图 7-48 所示。适合于三维面的大焊接件，无论是直线、曲线、圆弧焊缝，都能较理想使焊缝处于船型焊接位置，可有效保证焊枪的可达性及焊缝的工艺性；采用高精度伺服电动机及减速机保证变位的重复定位精度，夹具拆卸更换方便，自动化拓展性强；可选配机器人本体同类型电动机，可达到 8 轴至 12 轴协调联动；利用机器人在 X、Y、Z 方向行走，解决超长、超宽、超高工件的可焊性；主要适合于 MAG 自动焊接工艺，能充分体现机器人寻位、电弧跟踪、多层多道的应用价值。

图 7-48　U 型变位机+焊接机器人组合的工作站

6. 双工位单轴变位机 H 式机器人焊接工作站

基本配置：机器人系统、滑移平台、焊接电源、焊枪、清枪装置、机器人底座、工装夹具、防护网、焊接变位机等，工位布局如图 7-49 所示。适合焊缝分布在多个面的中小型焊接件，工件 360° 自动翻转、无论是直线、曲线、圆弧焊缝，都能较好保证焊枪焊接姿态和可达性；采用高精度伺服电动机及减速机保证变位的重复定位精度，夹具拆卸更换方便，自动化拓展性强；可选配机器人本体同类型电动机，可达到 7 轴协调联动，有利于转角及圆弧焊缝的连续性焊接；适合于 MAG/MIG/TIG/等离子弧焊自动焊接工艺，也能应用于机器人等离子切割、火焰切割、激光切割等用途。

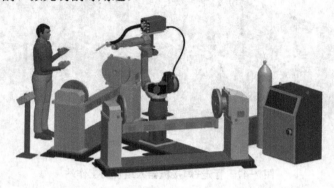

图 7-49　双工位单轴变位机 H 式机器人焊接工作站

7. 双工位回转式机器人焊接工作站

基本配置：机器人系统、滑移平台、焊接电源、焊枪、清枪装置、机器人底座、工装夹具、防护网、焊接变位机等，工位布局如图 7-50 所示。适合所有小型结构件产品的自动化焊接；工位自动切换，大大降低人力物流强度，操作方便、安全快捷、简洁实用；工位自动切换定位精度高，夹具拆卸更换方便，自动化拓展性强；自动变位采用高品质气缸推动齿轮齿条原理，水平正负 180° 交替回转，速度平稳；具有到位限位挡块与缓冲机构，回转速度根据需要可调节；具有开气、断气、断电等安全保护，夹具采用气动手动均可；适合于 MAG/TIG/等离子弧焊自动焊接工艺。

图 7-50　双工位回转式机器人焊接工作站

7.6 习题

一、填空题

1. 世界各国生产的焊接用机器人基本上都属_____型机器人，绝大部分有_____个轴。

2. 目前焊接机器人应用中比较普遍的主要有_____和_____。

3. 弧焊机器人在焊接运动过程中，_____和_____是两项重要指标。

4. 对点焊机器人而言，TCP 一般设在焊钳开口的_____处，且要求焊钳两电极_____于被焊工件表面。

5. 对弧焊机器人而言，TCP 一般设在_____。

二、判断题

1. 点焊机器人点焊只需点位控制，至于焊钳在点与点之间的移动轨迹则没有严格要求。　　　　　　　　　　　　　　　　　　　　　　　　　　　　　　（　　）

2. 弧焊机器人是用于弧焊自动作业的工业机器人，其末端握持的工具是焊钳。（　　）

3. C 型点焊钳用于水平及接近水平位置的焊点，电极的运动轨迹为圆弧线。（　　）

4. 伺服焊钳是利用伺服电动机替代压缩空气作为动力源的一种焊钳，这种焊钳的张开度可以根据实际需要任意选定并预置，电极间的压紧力一旦设定好不能随意更改。（　　）

三、简答题

1. 试述点焊、弧焊机器人系统的组成与功能。

2. 简述点焊、弧焊机器人示教再现流程。

3. 综合应用：用机器人完成如图 7-51 所示圆弧轨迹（A→B）的熔焊作业，回答如下问题：

（1）结合具体示教过程，填写表 7-11（请在相应选项下打"√"）。

（2）弧焊作业条件的设定主要涉及哪些？简述操作过程。

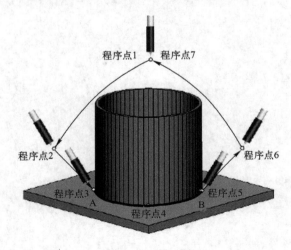

图 7-51　题 3 图

表 7-11 圆弧轨迹作业示教

程 序 点	焊接点/空走点		插补方式		
	焊接点	空走点	点对点插补	直线插补	圆弧插补
程序点 1					
程序点 2					
程序点 3					
程序点 4					
程序点 5					
程序点 6					
程序点 7					

第8章　装配机器人及其技术应用

教学目标
1. 了解装配机器人的分类及特点。
2. 掌握装配机器人的系统组成及其功能。
3. 能够进行装配机器人的简单作业示教。
4. 熟悉装配机器人典型周边设备与布局。

装配机器人的出现，大幅度提高了生产效率，保证装配精度，减轻劳动者生产强度，解决了"用工荒"问题，但目前装配机器人在工业机器人应用领域中占有量相对较少，其主要原因是装配机器人本体要比搬运、焊接机器人本体复杂，难以完成变动环境中的复杂装配等。尽管装配机器人存在一定局限，但是对装配所具有的重要意义不可磨灭，装配领域成为机器人的难点，也成为未来机器人技术发展的焦点之一。本章着重对装配机器人的特点、基本组成、周边设备和作业程序进行介绍，并结合实例说明装配作业示教的基本要领和注意事项，旨在加深大家对装配机器人及其作业示教的认知。

8.1　装配机器人的分类及特点

装配机器人是为完成装配作业而设计的工业机器人。是工业机器人应用种类中适用范围比较广的产品之一。作为柔性自动化装配的核心设备具有精度高、工作稳定、柔顺性好、动作迅速等优点。装配机器人的主要优点如下。

1）操作速度快，加速性能好，缩短工作循环时间。

2）精度高，具有极高重复定位精度，保证装配精度。

3）提高生产效率，解放单一繁重体力劳动。

4）改善工人劳作条件，摆脱有毒、有辐射装配环境。

5）可靠性好、适应性强，稳定性高。

装配机器人在不同装配生产线上发挥着强大的装配作用，装配机器人大多由 4～6 轴组成，就目前市场上常见的装配机器人以臂部运动形式不同分为直角式装配机器人和关节式装配机器人，关节式装配机器人亦分水平串联关节式、垂直串联关节式和并联关节式，如图 8-1 所示。

1. 直角式装配机器人

又称单轴机械手，以 XYZ 直角坐标系统为基本数学模型，整体结构模块化设计，如图 8-2 所示。直角式是目前工业机器人中最简单的一类，具有操作、编程简单等优点，可用于零部件移送、简单插入、旋拧等作业，机构上多装备球形螺钉和伺服电动机，具有速度快、精度高等特点。现已广泛应用于节能灯装配、电子类产品装配和液晶屏装配等场合。

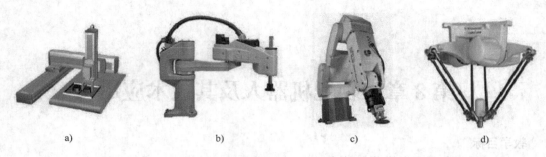

a)   b)   c)   d)

图 8-1　装配机器人的分类

a) 直角式　b) 水平串联关节式　c) 垂直串联关节式　d) 并联关节式

图 8-2　直角式装配机器人装配缸体

2. 关节式装配机器人

是目前装配生产线上应用最广泛的一类机器人，具有结构紧凑、占地空间小、相对工作空间大、自由度高，适合几乎任何轨迹或角度工作，编程自由，动作灵活，易实现自动化生产等特点。分水平串联关节式、垂直串联关节式和并联关节式。

（1）水平串联式装配机器人

亦称为平面关节型装配机器人或 SCARA 机器人，如图 8-3 所示，是目前装配生产线上应用数量最多的一类装配机器人。它属于精密型装配机器人，具有速度快、精度高、柔性好等特点，驱动多为交流伺服电动机，保证其较高的重复定位精度，广泛运用于电子、机械和轻工业等有关产品的装配，适合工厂柔性化生产需求。

（2）垂直串联式装配机器人

垂直串联式装配机器人多有 6 个自由度，可在空间任意位置确定任意位姿，面向对象多为三维空间的任意位置和姿势的作业，如图 8-4 所示。

（3）并联式装配机器人

亦称拳头机器人、蜘蛛机器人或 Detla 机器人，如图 8-5 所示，是一款轻型、结构紧凑、高速装配机器人，可安装在任意倾斜角度上，独特的并联结构具有安装方便、精准灵敏等优点，广泛运用于 IT、电子装配等领域。

图 8-3　水平串联关节式装配机器人拾取超薄硅片

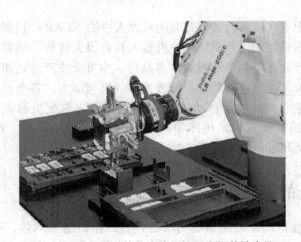

图 8-4　垂直串联关节式装配机器人组装读卡器

图 8-5　并联机器人装配线

通常装配机器人本体与搬运、码垛、焊接、涂装机器人本体精度制造上有一定的差别，原因在于机器人在完成焊接、涂装作业时，机器人没有与作业对象接触，只需示教机器人运动轨迹即可，而装配机器人需与作业对象直接接触，并进行相应动作；搬运、码垛机器人在移动物料时运动轨迹多为开放性，而装配作业是一种约束运动类操作，即装配机器人精度要高于搬运、码垛、焊接和涂装机器人。

尽管装配机器人在本体上较其他类型机器人有所区别，但在实际运用中无论是直角式装配机器人还是关节式装配机器人都有如下特性：

① 能够实时调节生产节拍和末端执行器动作状态；

② 可更换不同末端执行器以适应装配任务的变化，方便、快捷；

③ 能够与零件供给器、输送装置等辅助设备集成，实现柔性化生产；

④ 多带有传感器，如视觉传感器、触觉传感器、力传感器等，以保证装配任务的精准性。

目前市场上的装配生产线多以关节式装配机器人中的 SCARA 机器人和 Delta 机器人为主，在小型、精密、垂直装配上，SCARA 机器人具有很大优势。随着社会需求增大和技术的进步，装配机器人行业亦得到迅速发展，多品种、少批量生产方式和为提高产品质量及生产效率的生产工艺需求，成为推动装配机器人发展的直接动力，各个机器人生产厂家也不断推出新型机以适合装配生产线的"自动化"和"柔性化"。装配机器人主要用于各种电器制造（如电视机、录音机、洗衣机、电冰箱、吸尘器）、小型电动机、汽车及其部件、计算机、玩具、机电产品及其组件的装配等方面。

8.2 装配机器人的系统组成

装配机器人是柔性自动化装配系统的核心设备，由机器人本体、控制系统、装配系统（手爪、气体发生装置、真空发生装置或电动装置）、传感系统和安全保护装置组成，如图 8-6 所示。其中机器人本体的结构类型有水平关节型、直角坐标型、多关节型和圆柱坐标型等；控制系统一般采用多 CPU 或多级计算机系统，实现运动控制和运动编程；末端执行器为适应不同的装配对象而设计成各种手爪和手腕等；传感系统用来获取装配机器人与环境和装配对象之间相互作用的信息。常用的装配机器人主要有可编程序通用装配操作手（Programmable Universal Manipulator for Assembly，即 PUMA）机器人、平面双关节型（Selective Compliance Assembly Robot Arm，即 SCARA）机器人和和并联机器人三种类型。与一般工业机器人相比，装配机器人具有精度高、柔顺性好、工作空间小、能与其他系统配套使用等特点，主要用于各种电器的制造行业。

装配机器人的大量作业是轴与孔的装配，为了在轴与孔存在误差的情况下进行装配，应使机器人具有柔顺性。主动柔顺性是根据传感器反馈的信息以补偿其位置误差，而从动柔顺性则利用不带动力的机构来控制手爪的运动以补偿其位置误差。例如美国 Draper 实验室研制的远心柔顺装置 RCC（Remote Center Compliance Device），一部分允许轴做侧向移动而不转动，另一部分允许轴绕远心（通常位于离手爪最远的轴端）转动而不移动，分别补偿侧向误差和角度误差，实现轴孔装配。装配机器人的末端执行器是夹持工件移动的一种夹具，类似于搬运、码垛机器人的末端执行器，常见的装配执行器有吸附式、夹钳式、专用式和组合式。

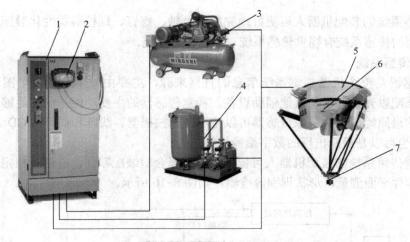

图 8-6 装配机器人系统组成

1—机器人控制柜 2—示教器 3—气体发生装置 4—真空发生装置 5—机器人本体 6—视觉传感器 7—气动手爪

1. 吸附式

吸附式末端执行器在装配中仅占一小部分，应用于电视、录音机、鼠标等轻小物品装配场合。

2. 夹钳式

夹钳式手爪是装配过程中最常用的一类手爪，多采用气动或伺服电动机驱动，闭环控制配备传感器可实现准确控制手爪起动、停止、转速并对外部信号做出准确反映，具有重量轻、出力大、速度高、惯性小、灵敏度强、转动平滑、力矩稳定等特点，如图8-7所示。

3. 专用式

专用式手爪是在装配中针对某一类装配场合而单独设定的末端执行器，且部分带有磁力，常见于螺钉、螺栓的装配，同样多采用气动或伺服电动机驱动，如图8-8所示。

4. 组合式

组合式末端执行器在装配作业中是通过组合获得各单组手爪优势的一类手爪，灵活性较大。多在机器人进行相互配合装配时使用，可节约时间、提高效率，如图8-9所示。

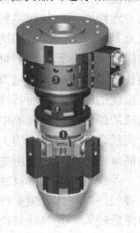　　

图 8-7　夹钳式手爪　　　图 8-8　专用式手爪　　　图 8-9　组合式手爪

带有传感系统的装配机器人可更好地完成销、轴、螺钉、螺栓等柔性化装配作业，在其作业中常用到的传感系统有视觉传感系统、触觉传感系统。

1. 视觉传感系统

视觉传感器是整个机器视觉系统信息的直接来源，主要由一个或者两个图形传感器组成，有时还要配以光投射器及其他辅助设备。视觉传感器的主要功能是获取足够的机器视觉系统要处理的最原始图像。图像传感器可以使用激光扫描器、线阵和面阵 CCD 摄像机或者 TV 摄像机，也可以是最新出现的数字摄像机等。

配备视觉传感系统的装配机器人可依据需要选择合适装配零件，并进行粗定位和位置补偿，可完成零件平面测量、形状识别等检测，如图 8-10 所示。

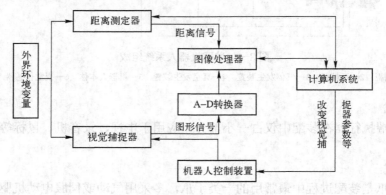

图 8-10　视觉系统原理

2. 触觉传感系统

装配机器人的触觉传感系统主要是时刻检测机器人与被装配物件之间的配合，机器人触觉可分为接触觉、接近觉、压觉、滑觉和力觉五种传感器。在装配机器人进行简单工作过程中常见到的有接触觉、接近觉、力觉和滑觉等。

（1）接触觉传感器

用以判断机器人（主要指四肢）是否接触到外界物体或测量被接触物体特征的传感器。接触觉传感器有微动开关、导电橡胶、含碳海绵、碳素纤维、气动复位式等类型。①微动开关：由弹簧和触头构成。触头接触外界物体后离开基板，造成信号通路断开，从而测到与外界物体的接触。这种常闭式（未接触时一直接通）微动开关的优点是使用方便、结构简单，缺点是易产生机械振荡和触头易氧化。②导电橡胶式：它以导电橡胶为敏感元件。当触头接触外界物体受压后，压迫导电橡胶，使它的电阻发生改变，从而使流经导电橡胶的电流发生变化。这种传感器的缺点是由于导电橡胶的材料配方存在差异，出现的漂移和滞后特性也不一致，优点是具有柔性。③含碳海绵式：它在基板上装有海绵构成的弹性体，在海绵中按阵列布以含碳海绵。接触物体受压后，含碳海绵的电阻减小，测量流经含碳海绵电流的大小，可确定受压程度。这种传感器也可用作压觉传感器。优点是结构简单、弹性好、使用方便。缺点是碳素分布均匀性直接影响测量结果和受压后恢复能力较差。④碳素纤维式：以碳素纤维为上表层，下表层为基板，中间装以氨基甲酸酯和金属电极。接触外界物体时碳素纤维受压与电极接触导电。优点是柔性好，可装于机械手臂曲面处，但滞后较大。⑤气动复位式：它有柔性绝缘表面，受压时变形，脱离接触时则由压缩空气作为复位的动力。与外界物体接

192

触时其内部的弹性圆泡（铍铜箔）与下部触点接触而导电。优点是柔性好、可靠性高，但需要压缩空气源。接触觉传感器一般固定在末端执行器的指端，只有末端执行器与被装配物间相互接触时才起作用。接触觉传感器由微动开关组成，如图8-11所示。

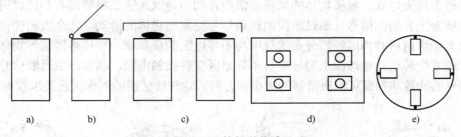

图 8-11　接触觉传感器

a) 点式　b) 棒式　c) 缓冲器式　d) 平板式　e) 环式

（2）接近觉传感器

接近觉传感器是一种非接触传感器，机器人利用它，可以感觉到近距离的对象或障碍物，能检测出物体的距离、相对倾角甚至对象表面的特性，可用来防止碰撞，实现无冲击接近和抓取操作，它比视觉系统和触觉系统简单，应用也比较广泛。接近觉传感器同样固定在末端执行器的指端，其在末端执行器与被装配物间接触前起作用，能测出执行器与被装配物之间的距离、相对角度甚至表面性质等，属于非接触式传感，如图8-12所示。

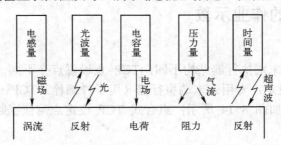

图 8-12　接近觉传感器

（3）力觉传感器

力觉传感器用于测量机器人自身或与外界相互作用而产生的力或力矩的传感器。它通常装在机器人各关节处。刚体在空间的运动可以用 6 个坐标来描述，例如用表示刚体质心位置的三个直角坐标和分别绕三个直角坐标轴旋转的角度坐标来描述。可以用多种结构的弹性敏感元件来测量机器人关节所受的 6 个自由度的力或力矩，再由粘贴在其上的应变片（半导体应变计、电阻应变计）将力或力矩的各个分量转换为相应的电信号。力觉传感器普遍存在于各类机器人中，在装配机器人中力觉传感器不仅存在于末端执行器与环境作用过程中的力测量，而且存在于装配机器人自身运动控制和末端执行器夹持物体的夹持力测量等情况。常见装配机器人力觉传感器分关节力传感器、腕力传感器、指力传感器，腕力传感器如图 8-13 所示。

（4）滑觉传感器

用于判断和测量机器人抓握或搬运物体时物体所产生的滑移。它实际上是一种位移传感器。按有无滑动方向检测功能可分为无方向性、单方向性和全方向性三类。①无方向性传感器有探针耳机式，它由蓝宝石探针、金属缓冲器、压电罗谢尔盐晶体和橡胶缓冲器组成。滑动时探针产生振动，由罗谢尔盐转换为相应的电信号。缓冲器的作用是减小噪声。②单方向性传感器有滚筒光电式，被抓物体的滑移使滚筒转动，导致光敏二极管接收到透过码盘（装在滚筒的圆面上）的光信号，通过滚筒的转角信号而测出物体的滑动。③全方向性传感器采用表面包有绝缘材料并构成经纬分布的导电与不导电区的金属球。当传感器接触物体并产生滑动时，球发生转动，使球面上的导电与不导电区交替接触电极，从而产生通断信号，通过对通断信号的计数和判断可测出滑移的大小和方向。这种传感器的制作工艺要求较高。

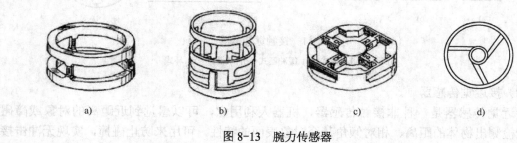

图 8-13　腕力传感器

a) Draper Waston 腕力传感器　b) SRI 六维腕力传感器　c) 林纯一腕力传感器　d) 非径向中心对称三梁腕力传感器

8.3　装配机器人的作业示教

1. TCP 点确定

对于装配机器人，末端执行器结构不同，TCP 点设置点亦不同，吸附式、夹钳式可参考搬运机器人 TCP 点设定；专用式末端执行器（用于拧螺栓）TCP 一般设在法兰中心线与手爪前端平面交点处，如图 8-14 所示；组合式 TCP 设定点需依据起主要作用的单组手爪确定。

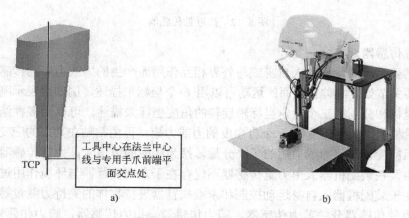

图 8-14　专用式末端执行器 TCP 点及生产再现

a) 专用式末端执行器 TCP　b) 生产再现

2. 螺栓紧固作业

现以螺栓紧固为例，如图 8-15 所示，选择直角式（或 SCARA）机器人，末端执行器为专用式拧螺栓手爪。采用在线示教方式为机器人输入装配作业程序。本例以 A 螺纹孔紧固为例，简述装配作业编程，B、C、D 螺纹孔可根据 A 孔自行扩展。各程序点说明如表 8-1 所示，具体示教作业流程如图 8-16 所示。

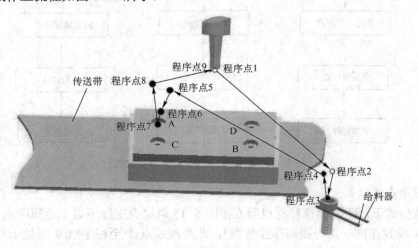

图 8-15　装配运动轨迹

表 8-1　程序点说明（装配作业）

程序点	说明	手爪动作	程序点	说明	手爪动作
程序点 1	机器人原点		程序点 6	装配作业点	抓取
程序点 2	取料临近点		程序点 7	装配作业点	放置
程序点 3	取料作业点	抓取	程序点 8	装配规避点	
程序点 4	取料规避点	抓取	程序点 9	机器人原点	
程序点 5	移动中间点	抓取			

（1）明确工作任务

螺栓紧固作业装配。

（2）示教前的准备

1）工件清理，表面无铁锈、油污等杂质。

2）确认自己和机器人之间保持安全距离。

3）确认机器人运动区域无干涉。

4）机器人原点确认。

5）安全确认。

（3）新建作业程序点

按示教器的相关菜单或按钮，新建一个作业程序。

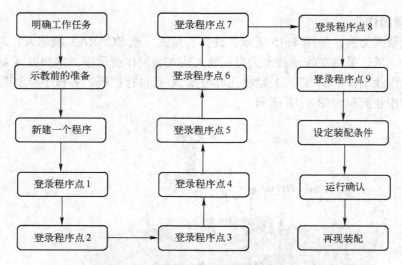

图 8-16 螺栓紧固机器人作业示教流程

（4）程序点的输入

在示教模式下，手动操作移动机器人按图 8-15 轨迹设定程序点 1 至程序点 9（程序点 1 和程序点 9 设置在同一点可提高作业效率），此外程序点 1 至程序点 9 需处于与工件、夹具互不干涉的位置，具体示教方法可参照表 8-2。

表 8-2 装配作业示教

程 序 点	示 教 方 法
程序点 1 （机器人原点）	① 按第 5 章手动操作机器人要领移动机器人到装配原点。 ② 插补方式选择"点到点插补"或"直线插补"。 ③ 确认并保存程序点 1 为机器人原点
程序点 2 （取料临近点）	① 手动操作机器人到取料作业临近点，并调整末端执行器姿态。 ② 插补方式选择"点到点插补"。 ③ 确认并保存程序点 2 为取料作业临近点
程序点 3 （取料作业点）	① 手动操作机器人移动到取料作业点，并保持末端执行器姿态不变。 ② 插补方式选择"直线插补"。 ③ 确认并保存程序点 3 为机器人取料作业点
程序点 4 （取料规避点）	① 手动操作机器人移动到取料规避点，并保持末端执行器姿态不变。 ② 插补方式选择"点到点插补"。 ③ 确认并保存程序点 4 为机器人取料规避点
程序点 5 （移动中间点）	① 手动操作机器人移动到移动中间点，并适度调整末端执行器姿态。 ② 插补方式选择"点到点插补"。 ③ 确认并保存程序点 5 为机器人移动中间点
程序点 6 （装配作业点）	① 手动操作装配机器人移动到装配作业点且调整抓手位姿以适合安放螺栓。 ② 插补方式选择"直线插补"。 ③ 再次确认程序点，保证其为装配作业开始点。 ④ 若有需要可直接输入装配作业命令
程序点 7 （装配作业点）	① 手动操作机器人移动到装配作业点。 ② 插补方式选择"直线插补"。 ③ 确认并保存程序点 7 为机器人装配作业终止点

程 序 点	示 教 方 法
程序点 8 （装配规避点）	① 手动操作机器人到装配规避点。 ② 插补方式选择"直线插补"。 ③ 确认并保存程序点 8 为机器人装配作业规避点
程序点 9 （机器人原点）	① 手动操作机器人到机器人原点。 ② 插补方式选择"点到点插补"或"直线插补"。 ③ 确认并保存程序点 9 为机器人原点

（5）设定作业条件

1）在作业开始命令中设定装配开始规范及装配开始动作次序。

2）在作业结束命令中设定装配结束规范及装配结束动作次序。

3）依据实际情况，在编辑模式下合理选择配置装配工艺参数及选择合理的末端执行器。

（6）测试程序

确认装配机器人周围安全，按如下操作进行跟踪测试作业程序。

1）检查是否有急停按钮被按下，若有则将其顺时针旋转释放，在示教器上按 OK 后按电机上电按钮进行复位。

2）若机器人远离工作起始点，则必须手动将机器人移动到工作起始点附近。

3）选 Move PP to main，此时，PP（程序运行指针）被移动到主程序第一句。

4）按上下菜单切换旋钮，可改变机器人运动速度，改变后再按一次上下菜单切换旋钮。

5）按下示教器上的使能按钮（使处于中间位置），然后按启动按钮，可在手动状态启动机器人。机器人回到起始点运行过程中需注意若发现机器人可能与外部设备碰撞，需要立即停止运行，并手动操作机器人避开碰撞点，再按启动旋钮连续运行程序，或选择"FWD"单步执行程序。

（7）再现装配

1）检查是否有急停按钮被按下，若有则将其顺时针旋转释放，在示教器上按 OK 后按电机上电按钮进行复位。

2）打开要再现的作业程序。

3）将模式转换钥匙切换到自动状态，按"OK"确认，按下电动机上电按钮至指示灯亮，单击屏幕左上角"ABB"，再选择主动生产窗口，选 MovePPtomain，此时，PP（程序运行指针）被移动到主程序第一句。

4）按"程序启动"按钮，机器人开始自动运行。

8.4　装配机器人典型作业任务

8.4.1　任务描述

工业机器人工件装配单元中机器人通过手抓吸盘组合式末端执行器拾取工件，依据装配工艺，完成对 USB 无线接收器装配工作，机器人需要完成的任务是把排列在支架上的 4 个工件依序放到组装支架上，每次在装配点放下工件后，机器人都要迅速竖直抬起，然后轻轻垂直向下按入该工件。USB 无线接收器装配工作站结构示意图如图 8-17 所示，机器人末端执行器为手抓+吸盘组合式结构，如图 8-18 所示。

图 8-17　工件装配单元

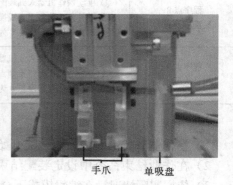

手爪　　单吸盘

图 8-18　手抓吸盘组合式末端执行器

8.4.2　任务实施

根据机器人运动轨迹编写机器人程序时，首先根据控制要求绘制机器人程序流程图，然后编写机器人主程序和子程序。编写子程序前要先设计好机器人的运行轨迹及定义好机器人的程序点。

1. 设计机器人程序流程

根据控制功能，设计机器人程序流程图，如图 8-19 所示。

2. 机器人运动所需示教点

工件装配单元上的关键示教点分布如图 8-20 所示。规划机器人运行轨迹，并绘制出机器人运行轨迹图。

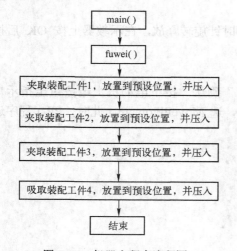

图 8-19　机器人程序流程图

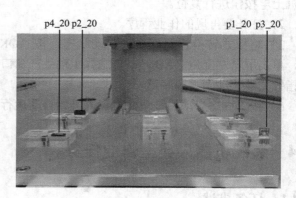

图 8-20　机器人运行轨迹图

根据机器人的运行轨迹可确定其运动所需的示教点见表 8-3。

表 8-3 关键示教点、信号和坐标系

序号	示教点、信号和坐标系	说　明	备　注
1	p_home	机器原点位置	需示教
2	p1_10	装配工件 1 夹取位置	需示教
3	p1_10~p1_80	移动工件 1 的过渡点和作业点	需示教
4	p1_50	装配工件 1 放置点	需示教
5	p1_70	装配工件 1 压入点	需示教
6	p2_10	装配工件 2 夹取位置	需示教
7	p2_10~p2_80	移动工件 2 的过渡点和作业点	需示教
8	p2_50	装配工件 2 放置点	需示教
9	p2_70	装配工件 2 压入点	需示教
10	p3_10	装配工件 3 夹取位置	需示教
11	p3_10~p3_80	移动工件 3 的过渡点和作业点	需示教
12	p3_50	装配工件 3 放置点	需示教
13	p3_70	装配工件 3 压入点	需示教
14	p4_10	装配工件 4 吸取位置	需示教
15	p4_10~p4_80	移动工件 4 的过渡点和作业点	需示教
16	p4_50	装配工件 4 放置点	需示教
17	p4_70	装配工件 4 压入点	需示教
18	do01	手爪信号	1 为打开
19	do02	吸盘信号	1 为打开
20	tool1	手爪工具坐标系	需建立
21	zp_wobj1	工件坐标系	需建立
22	tool0	默认工具坐标系	无需建立
23	wobj0	默认工件坐标系	无需建立

3．ABB 机器人程序设计

根据上述的内容，需要建立 1 个主程序及 5 个子程序，子程序包括 1 个复位程序 fuwei( )，4 个工件装配子程序 zhuangpei_1( )、zhuangpei_2( )、zhuangpei_3( )和 zhuangpei( )_4。

（1）主程序编写

在"main( )"程序中只需要调用各个例行程序即可，参考程序如下：

```
PROC main( )
    fuwei;              ! 调用复位子程序
    zhuangpei_1;        ! 调用工件 1 的装配子程序
    zhuangpei_2;        ! 调用工件 2 的装配子程序
    zhuangpei_3;        ! 调用工件 3 的装配子程序
```

```
        zhuangpei_4;              ！调用工件 4 的装配子程序
        fuwei;                    ！调用复位子程序
    ENDPROC
```

（2）复位程序编写

在"fuwei( )"程序中，要将机器人回到原点，所有信号复位，参考程序如下：

```
PROC fuwei( )
    Reset do01;          ！手爪关闭
    Reset do02;          ！吸盘关闭
    MoveJ p_home, v150, fine, tool0\ WObj：= wobj0;
ENDPROC
```

（3）工件 1 装配程序编写

"zhuangpei_1( )"程序中，先是夹取工件 1，接着将工件 1 提起到一个合适的高度，再移到组装位置的上方，最后将工件放置到组装的位置，然后压入，具体流程如图 8-21，参考程序如下：

```
PROC zhuangpei_1( )
    MoveJ p_home, v150, fine, tool0\ WObj：= wobj0;     ！运动到原点位置
    MoveL p1_10, v50, fine, tool1\ WObj：= zp_wobj1;
        ！沿直线运动到夹取工件 1 临近点
    MoveL p1_20, v50, fine, tool1\ WObj：= zp_wobj1;
        ！沿直线运动到夹取工件 1 作业点
    Set do01;          ！手抓夹紧
    WaitTime 0.5;
    MoveL p1_30, v50, fine, tool1\ WObj：= zp_wobj1;
        ！沿直线运动到夹取工件 1 规避点
    MoveL p1_40, v50, fine, tool1\ WObj：= zp_wobj1;
        ！沿直线运动到放置工件 1 临近点
    MoveL p1_50, v10, fine, tool1\ WObj：= zp_wobj1;
        ！沿直线运动到放置工件 1 作业点
    Reset do01;        ！手抓松开
    WaitTime 0.5;
    MoveL p1_60, v50, fine, tool1\ WObj：= zp_wobj1;
        ！沿直线运动到压入工件 1 临近点
    MoveL p1_70, v10, fine, tool1\ WObj：= zp_wobj1;
        ！沿直线运动到压入工件 1 作业点
    MoveL p1_80, v50, fine, tool1\ WObj：= zp_wobj1;
        ！沿直线运动到压入工件 1 规避点
    MoveJ p_home, v150, fine, tool0\ WObj：= wobj0;
ENDPROC
```

（4）工件 2 装配程序编写

编写工件 2 装配程序，具体流程如图 8-22 所示。工件 2 的装配程序如下：

```
PROC zhuangpei_2( )
    MoveJ p_home, v150, fine, tool0\ WObj：= wobj0;     ！运动到原点位置
    MoveL p2_10, v50, fine, tool1\ WObj：= zp_wobj1;
```

　　　　! 沿直线运动到夹取工件 2 临近点
　　　　MoveL p2_20, v50, fine, tool1\ WObj：= zp_wobj1；
　　　　! 沿直线运动到夹取工件 2 作业点
　　　　Set do01；　　! 手抓夹紧
　　　　WaitTime 0.5；
　　　　MoveL p2_30, v50, fine, tool1\ WObj：= zp_wobj1；
　　　　! 沿直线运动到夹取工件 2 规避点
　　　　MoveL p2_40, v50, fine, tool1\ WObj：= zp_wobj1；
　　　　! 沿直线运动到放置工件 2 临近点
　　　　MoveL p2_50, v10, fine, tool1\ WObj：= zp_wobj1；
　　　　! 沿直线运动到放置工件 2 作业点
　　　　Reset do01；　　! 手抓松开
　　　　WaitTime 0.5；
　　　　MoveL p2_60, v50, fine, tool1\ WObj：= zp_wobj1；
　　　　! 沿直线运动到压入工件 2 临近点
　　　　MoveL p2_70, v10, fine, tool1\ WObj：= zp_wobj1；
　　　　! 沿直线运动到压入工件 2 作业点
　　　　MoveL p2_80, v50, fine, tool1\ WObj：= zp_wobj1；
　　　　! 沿直线运动到压入工件 2 规避点
　　　　MoveJ p_home, v150, fine, tool0\ WObj：= wobj0；
ENDPROC

图 8-21　工件 1 装配流程

a) 夹取工件 1　b) 放置工件 1　c) 压入工件 1　d) 离开工件 1

（5）工件 3 装配程序编写

编写工件 3 装配程序，具体流程如图 8-23 所示。工件 3 的装配程序如下：

PROC zhuangpei_3( )
　　　　MoveJ p_home, v150, fine, tool0\ WObj：= wobj0；　　! 运动到原点位置
　　　　MoveL p3_10, v50, fine, tool1\ WObj：= zp_wobj1；

```
        ！沿直线运动到夹取工件 3 临近点
        MoveL p3_20，v50，fine，tool1\ WObj：= zp_wobj1；
        ！沿直线运动到夹取工件 3 作业点
        Set do01；    ！手抓夹紧
        WaitTime 0.5；
        MoveL p3_30，v50，fine，tool1\ WObj：= zp_wobj1；
        ！沿直线运动到夹取工件 3 规避点
        MoveL p3_40，v50，fine，tool1\ WObj：= zp_wobj1；
        ！沿直线运动到放置工件 3 临近点
        MoveL p3_50，v10，fine，tool1\ WObj：= zp_wobj1；
        ！沿直线运动到放置工件 3 作业点
        Reset do01；    ！手抓松开
        WaitTime 0.5；
        MoveL p3_60，v50，fine，tool1\ WObj：= zp_wobj1；
        ！沿直线运动到压入工件 3 临近点
        MoveL p3_70，v10，fine，tool1\ WObj：= zp_wobj1；
        ！沿直线运动到压入工件 3 作业点
        MoveL p3_80，v50，fine，tool1\ WObj：= zp_wobj1；
        ！沿直线运动到压入工件 3 规避点
        MoveJ p_home，v150，fine，tool0\ WObj：= wobj0；
ENDPROC
```

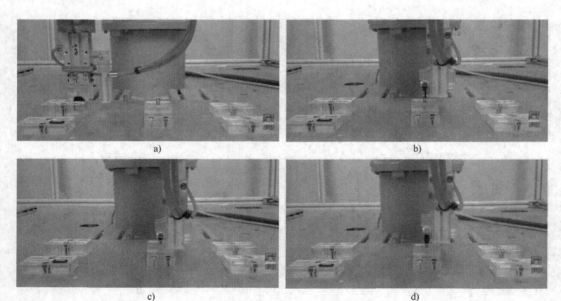

a)   b)

c)   d)

图 8-22 工件 2 装配流程

a) 夹取工件 2 b) 放置工件 2 c) 压入工件 2 d) 离开工件 2

（6）工件 4 装配程序编写

编写工件 4 装配程序，具体流程如图 8-24 所示。工件 4 的装配程序如下：

```
PROC zhuangpei_4( )
        MoveJ p_home，v150，fine，tool0\ WObj：= wobj0；    ！运动到原点位置
```

```
        MoveL p4_10，v50，fine，tool1\WObj：= zp_wobj1；
          ！沿直线运动到吸取工件4临近点
        MoveL p4_20，v50，fine，tool1\WObj：= zp_wobj1；
          ！沿直线运动到吸取工件4作业点
        Set do02；    ！打开吸盘
        WaitTime 0.5；
        MoveL p4_30，v50，fine，tool1\WObj：= zp_wobj1；
          ！沿直线运动到吸取工件4规避点
        MoveL p4_40，v50，fine，tool1\WObj：= zp_wobj1；
          ！沿直线运动到放置工件4临近点
        MoveL p4_50，v10，fine，tool1\WObj：= zp_wobj1；
          ！沿直线运动到放置工件4作业点
        Reset do02；      ！关闭吸盘
        WaitTime 0.5；
        MoveL p4_60，v50，fine，tool1\WObj：= zp_wobj1；
          ！沿直线运动到压入工件4临近点
        MoveL p4_70，v10，fine，tool1\WObj：= zp_wobj1；
          ！沿直线运动到压入工件4作业点
        MoveL p4_80，v50，fine，tool1\WObj：= zp_wobj1；
          ！沿直线运动到压入工件4规避点
        MoveJ p_home，v150，fine，tool0\WObj：= wobj0；
    ENDPROC
```

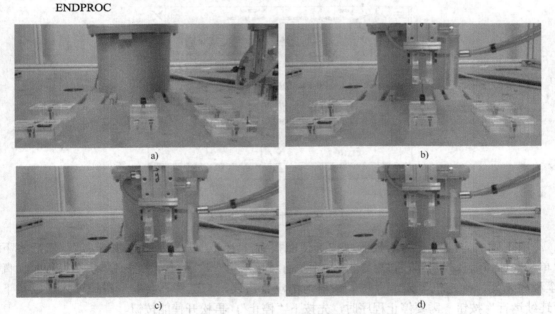

图 8-23　工件 3 装配流程

a) 夹取工件 3　b) 放置工件 3　c) 压入工件 3　d) 离开工件 3

4．机器人程序调试

建立主程序 main 和子程序，并确保所有指令的速度值不能超过 150mm/s。程序编写完成，调试机器人程序。单击"调试"按钮，单击"PP 移至例行程序…"，单击"fuwei"，单击"确定"，程序指针指在"fuwei"程序的第一条语句，如图 8-25 所示。

图 8-24　工件 4 装配流程

a) 吸取工件 4　b) 放置工件 4　c) 压入工件 4　d) 离开工件 4

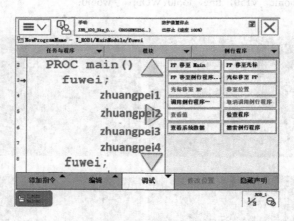

图 8-25　工件装配程序调试

　　用正确的方法手握着示教器，按下使能按钮，示教器上显示"电机开启"，然后按下"单步向前按钮"，机器人程序按顺序往下执行程序。第一次运行程序务必单步运行程序，直至程序末尾，确定机器人运行每一条语句都没有错误，与工件不会发生碰撞，才可以按下"连续运行"按钮。需要停止程序时，先按下"停止"，再松开使能按钮。

8.5　装配机器人工作站布局

　　为完成装配任务，除需要装配机器人外，还需要与之匹配的周边设备和合理的工位布局，以提高装配质量和生产效率。

8.5.1 周边设备

常见的装配机器人辅助装置有零件供给器、输送装置等。

1. 零件供给器

零件供给器的作用是保证机器人能逐个正确地抓取待装配零件，保证装配作业正常进行。目前运用最多的零件供给器主要有给料器和托盘，可通过控制器编程控制。

（1）给料器

用振动或回转机构将零件排齐，并逐个送到指定位置，通常给料器以输送小零件为主，如图 8-26 所示。

（2）托盘

装配结束后，大零件或易损坏划伤零件应放入托盘中进行运输，如图 8-27 所示。托盘的样式多种，可根据实际生产需要配置合理的托盘。

图 8-26　振动式给料器

图 8-27　托盘

2. 输送装置

在机器人装配生产线上，输送装置承担将工件输送到各作业点的任务，在输送装置中以传送带为主。

8.5.2 工位布局

在实际生产中，常见的装配工作站可采用回转式和线式布局，如图 8-28 和图 8-29 所示。

图 8-28　回转式布局

图 8-29　线式布局

1．回转式布局

回转式装配工作站可将装配机器人聚集在一起进行配合装配，亦可进行单工位装配，灵活性较大，可针对一条或两条生产线，具有较小的输送线成本，减小占地面积，广泛运用于大、中型装配作业。

2．线式布局

线式装配机器人是依附于生产线，排布于生产线的一侧或两侧，具有生产效率高、节省装配资源、节约人员维护，一人便可监视全线装配等优点，广泛运用于小物件装配场合。

8.6　习题

一、填空题

1．按臂部运动形式不同，装配机器人可分为_____和_____。

2．装配机器人在其作业中常用到的传感系统有_____和_____。

3．在实际生产中，装配机器人工作站布局有_____和_____。

二、判断题

1．垂直关节型装配机器人是目前装配生产线上应用数量最多的一类装配机器人。

（　　）

2．与一般工业机器人相比，装配机器人具有精度高、柔顺性好、工作范围小、能与其他系统配套使用等特点。　　　　　　　　　　　　　　　　　　　　　　　（　　）

3．专用式末端执行器（用于拧螺栓）TCP 一般设在法兰中心线与手爪前端平面交点处。

（　　）

4．组合式末端执行器在装配作业中是通过组合获得各单组手爪优势的一类手爪，灵活性较大。　　　　　　　　　　　　　　　　　　　　　　　　　　　　　　　（　　）

三、简答题

1．试述装配机器人系统的组成与功能。

2．简述装配机器人示教再现流程。

3．简述装配机器人与码垛、焊接机器人的区别。

4．综合应用：用机器人完成如图 8-30 所示装配作业，回答如下问题：

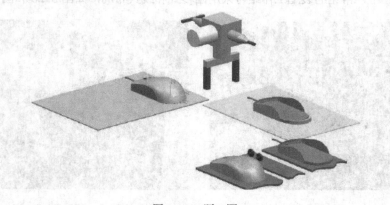

图 8-30　题 4 图

（1）依据图 8-30 画出托盘上零件装配运动轨迹示意图。

（2）依图并结合托盘上零件进行示教，完成表 8-4（请在相应选项下打"√"或选择序号）。

表 8-4　装配作业示教

程序点	装 配 作 业		插 补 方 式		末端执行器
	作业点	①原点；②中间点；③规避点；④临近点	点对点插补	直线插补	①吸附式；②夹钳式；③专用式

参 考 文 献

[1] 兰虎. 工业机器人技术及应用[M]. 北京：机械工业出版社，2016.

[2] 董春利. 机器人应用技术[M]. 北京：机械工业出版社，2015.

[3] 张宪民，杨丽新，黄沿江. 工业机器人应用基础[M]. 北京：机械工业出版社，2015.

[4] 张培艳. 工业机器人操作与应用实践教程[M]. 上海：上海交通大学出版社，2009.

[5] 兰虎. 焊接机器人编程及应用[M]. 北京：机械工业出版社，2013.

[6] 郭洪红. 工业机器人技术[M]. 西安：西安电子科技大学出版社，2006.

[7] 叶晖，管小清. 工业机器人实操与应用技巧[M]. 北京：机械工业出版社，2016.

[8] 韩建海. 工业机器人[M]. 武汉：华中科技大学出版社，2009.

[9] 兰虎，陶祖伟，段宏伟. 弧焊机器人示教编程技术[J]. 实验室研究与探索，2011，30（9）.

[10] 谢寸禧，张铁. 机器人技术及其应用[M]. 北京：机械工业出版社，2015.

[11] 管小清. 工业机器人产品包装典型应用精析[M]. 北京：机械工业出版社，2016.

[12] 汪励，陈小艳. 工业机器人工作站系统集成[M]. 北京：机械工业出版社，2014.

[13] 李荣雪. 焊接机器人编程与操作[M]. 北京：机械工业出版社，2013.

[14] 叶晖. 工业机器人典型应用案例精析[M]. 北京：机械工业出版社，2015.

[15] 吴振彪，王正家. 工业机器人[M]. 武汉：华中科技大学出版社，2011.

[16] 董春利. 传感器与检测技术[M]. 北京：机械工业出版社，2008.

[17] 中国国家标准化管理委员会. GB/T12643—1997 工业机器人词汇[S]. 北京：中国计划出版社，1998.

[18] 中国国家标准化管理委员会. GB/T12644—2001 工业机器人特性表述[S]. 北京：中国计划出版社，2002.

[19] 林绳宗. 国外工业机器人现状及其发展趋势[J]. 机械工业自动化，1994（5）.

[20] 彭鹏访，蒋亚宝. 工业机器人在汽车轨道交通中的应用[J]，金属加工，20H（16）.

[21] 程剑新. 工业机器人应用的现状与未来[J]. 科技传播，2013（2）.

[22] 陈哲. 机器人技术基础[M]. 北京：机械工业出版社，2011.

[23] 韦巍. 智能控制技术[M]. 北京：机械工业出版社，2003.

[24] 杨杰忠，王振华. 工业机器人操作与编程[M]. 北京：机械工业出版社，2017.